Susanne Dischinger

D1699892

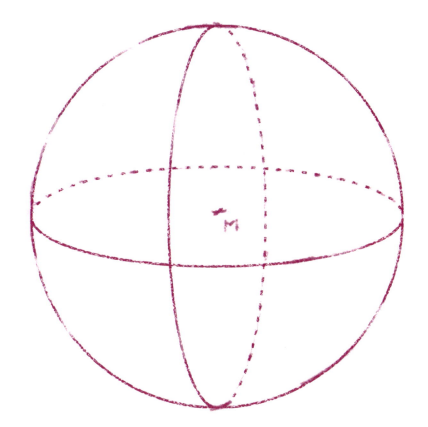

Das Mathematikbuch 4

von
Walter Affolter
Guido Beerli
Hanspeter Hurschler
Beat Jaggi
Werner Jundt
Rita Krummenacher
Annegret Nydegger
Beat Wälti
Gregor Wieland

bearbeitet von
Franz Auer
Ursula Bicker
Maren Distel
Christoph Maitzen
Florian Walzer

Ernst Klett Verlag
Stuttgart · Leipzig

So arbeitest du mit dem Mathematikbuch

Lernumgebungen

Unter den Lernumgebungen des Schülerbuchs gibt es solche, die Themen aus deiner Umwelt behandeln und solche, die sich mit rein mathematischen Fragestellungen auseinandersetzen. Vieles wird immer wieder aufgegriffen und mit neuen Inhalten vernetzt.

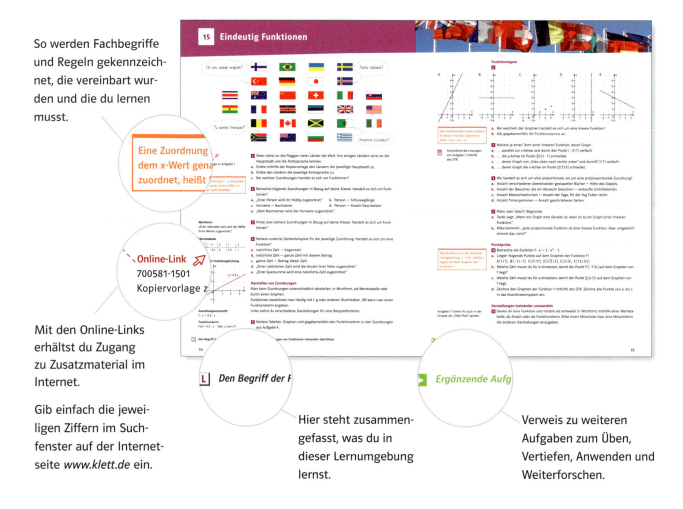

So werden Fachbegriffe und Regeln gekennzeichnet, die vereinbart wurden und die du lernen musst.

Mit den Online-Links erhältst du Zugang zu Zusatzmaterial im Internet.

Gib einfach die jeweiligen Ziffern im Suchfenster auf der Internetseite *www.klett.de* ein.

Hier steht zusammengefasst, was du in dieser Lernumgebung lernst.

Verweis zu weiteren Aufgaben zum Üben, Vertiefen, Anwenden und Weiterforschen.

Weil jeder anders lernt, einen eigenen Lernweg braucht und eigene Interessen hat, sind die Aufgaben im Mathematikbuch besonders vielfältig.
Zuerst darfst du ganz alleine deinen eigenen Weg gehen, dann vergleichst du mit deinem Nachbarn oder deiner Nachbarin, wie man die Aufgabe noch lösen könnte und am Ende arbeitet ihr gemeinsam Vor- und Nachteile einzelner Lösungsansätze heraus.
Am meisten lernst und übst du, wenn du selbst Aufgaben erfindest und sie deinem Nachbarn oder deiner Nachbarin stellst.

---

7 Knifflige Aufgaben	Aufgaben mit dem Computer
a. Knifflige Teilaufgaben	Aufgaben mit dem grafikfähigen Taschenrechner

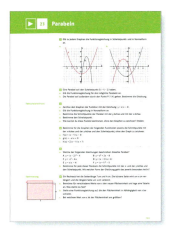

Aufgaben zum Üben, Vertiefen, Anwenden und Weiterforschen

Zu den meisten Lernumgebungen findest du im zweiten Teil des Schülerbuchs weitere Aufgaben zum Üben, Vertiefen, Anwenden und Weiterforschen.

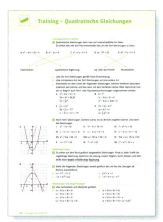

Training

Hier findest du Aufgaben zum Üben und Automatisieren. Sie dienen der Sicherung der wichtigen Rechenfertigkeiten. Diese Seiten kannst du dir übers Jahr verteilt immer wieder vornehmen und selbstständig bearbeiten.

Die **Lösungen** zu den Trainings befinden sich im Anhang des Schülerbuchs.

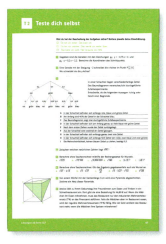

Teste dich selbst

Die Teste-dich-selbst-Seiten im Aufgabenteil helfen dir, dich selbst einzuschätzen und vorzubereiten.
Sie enthalten Aufgaben zu den vorangegangenen Lernumgebungen. Damit kannst du dich auf eine Klassenarbeit vorbereiten.
Die **Lösungen** zu den Tests befinden sich im Anhang des Schulbuchs.

Nachschlagen

Im Anhang des Schülerbuchs kannst du mathematische Begriffe jederzeit nachschlagen.

Inhalt

	Lernumgebung	Mathematische Inhalte	▶	Ergänzende Aufgaben	Leitideen nach KMK* L1 L2 L3 L4 L5
1	Nebenjobs	Kürzeste Wege, Pascal-Dreieck	6	66	■
2	Muster, Term, Gleichung	Terme aufstellen, Gleichungen lösen	8	68	■ ■ ■
	Training	Gleichungen		69	
3	Kopfgeometrie	Raumvorstellung, Tetraeder	10	70	■
4	Verpackungen	Flächenberechnung, gerade Prismen	12	71	■ ■
	Training	Überschlag		72	
5	Binome multiplizieren	Binomische Formeln vertiefen	14	73	■ ■ ■
	Training	Grafikfähiger Taschenrechner		74	
6	Ganz einfach gerade	Geradengleichung, Steigung, y-Achsenabschnitt	16	75	■ ■ ■
T1	Teste dich selbst			76	
7	Achilles und die Schildkröte	Schnittpunkt zweier Geraden	18	77	■ ■
	Training	Wahrscheinlichkeit		78	
8	Gesetze des Zufalls	Wahrscheinlichkeit, Laplace-Experiment	20	79	■
9	Wurzeln	Quadratwurzel, Wurzelziehen	22	81	■
	Training	Wurzeln		83	
10	Algorithmen	Algorithmen formulieren und verwenden	24		■ ■
11	Schattenbilder und Schrägbilder	Schrägbilder von Würfelgebäuden	26	84	■
12	Steuern und Abgaben	Prozentrechnung	28	86	■
T2	Teste dich selbst			87	
13	Faktorisieren	Summen als Produkte schreiben	30	88	■ ■
	Training	Terme		89	
14	Zahlenfolgen	explizite und rekursive Folgenterme	32	90	■ ■
15	Eindeutig Funktionen	Begriff der Funktion	34	91	■
16	Handytarife	Modellieren	36	92	

*Leitideen nach KMK-Standard
L1: Zahl, **L2:** Messen, **L3:** Raum und Form, **L4:** Funktionaler Zusammenhang, **L5:** Daten und Zufall

	Lernumgebung	Mathematische Inhalte	▶	Ergänzende Aufgaben	Leitideen nach KMK°
					L1 L2 L3 L4 L5
17	Gleichungssysteme	Einsetzungs-, Gleichsetzungs-, Additionsverfahren	38	93	■
T3	Teste dich selbst			94	
18	Aus dem Leben des Pythagoras	Zahlbeziehungen, vollkommene Zahl	40		■
19	Pythagoras-Parkette	Satz des Pythagoras und seine Umkehrung	42	95	■ ■
20	Rekordverdächtige Geschwindigkeiten	Geschwindigkeit	44	97	■ ■
21	Grundfläche · Höhe	Volumen- und Oberflächenberechnung	46	99	■ ■
22	Der Altar von Delos	Geometrische Probleme mit Gleichungen lösen	48	100	■ ■
23	Parabeln	Quadratische Funktion, Scheitelpunkt	50	102	
T4	Teste dich selbst			104	
24	Quadratische Gleichungen	Quadratische Ergänzung, Lösungsformel, grafisches Lösen	52	105	■
✎	Training	Quadratische Gleichungen		107	
25	Heureka!	Problemlösestrategien	54	108	■ ■
26	Funktionsfamilien	Potenzfunktionen, Wirkung von Parametern	56	109	■
27	Sind irrationale Zahlen unvernünftig?	Indirekter Beweis, irrationale Zahlen	58	110	■
T5	Teste dich selbst			112	
28	Parkette	Parkette, Kongruenzabbildungen	60	113	■
29	Ein Leben für die Wissenschaft	Wissenschaftlerbiografien, Beweise	62		■
30	Sammeln-Ordnen-Strukturieren	Methodenlernen: Mind-map, Concept-Map	64		■ ■ ■

Lösungen

   Training   115

   Teste dich selbst   120

Mathematische Begriffe   124

1 Nebenjobs

Ist die Prepaidkarte deines Handys leer? Neue Klamotten brauchst du auch? Bist du schon älter als 13 Jahre? Einige von euch haben sicher schon über einen Nebenjob nachgedacht.

Zeitungsausträger/innen gesucht
Der Verlag dieser Zeitung sucht drei Jugendliche für das Austragen der Zeitung am Sonntag.
Vergütung: 2,2 ct pro Zeitung
Auflage: 1500 Stück
Meldet euch unter:
Chiffre 28 16

Gesucht: **Babysitter**, der/die zweimal pro Woche am Abend auf unser Kind (2 Jahre) aufpasst. 6 €/h.
Melde dich unter:
Vorwahl/1 91 71 40

Suche dringend **Nachhilfe** in Englisch.
Klasse 7.
Preis nach Vereinbarung.
choep@ymx.de

Wir suchen junge Menschen, die einmal pro Woche die Gratiszeitung „Hallo Sonntag" verteilen.
Verdienst: 5 € pro Stunde
Aufwand: etwa 2,5 Stunden pro Woche
Interessiert? Dann melde dich: Chiffre 74 72.

---

1 Informiere dich, welche Nebenjobs du bereits übernehmen darfst. Zu welchem Nebenjob hättest du Lust? Siehst du auch Nachteile? Begründe.

2
a. Vergleiche die drei Angebote oben miteinander.
   Mit welchen Verdiensten kannst du rechnen?
b. Entwirf eine Antwort auf eine der obigen Anzeigen.

3 Vergleiche nebenstehendes Angebot mit dem Angebot, bei dem „Zeitungsausträger/innen gesucht" werden.

4
a. Stelle Kriterien auf, die für dich bei der Auswahl eines Nebenjobs wichtig sind.
b. Entwirf für einen Nebenjob ein eigenes Inserat, auf das du dich melden würdest. Stellt euch eure Inserate gegenseitig vor.

5 In Eilersfeld (siehe rechte Seite und Kopiervorlage) soll zukünftig eine Gratiszeitung verteilt werden. Alle Haushalte sollen eine Zeitung erhalten. Dies soll möglichst geschickt organisiert werden.
a. Überlegt euch Kriterien, die bei der Organisation wichtig sind.
b. Erstellt nun einen Plan, wie ihr das Austragen der Zeitungen organisieren könntet. Begründet eure Entscheidungen.
c. Vergleicht eure Organisationspläne.

Signor Enrico lässt fragen
6 Welche Strecke legt eine Briefträgerin bzw. ein Briefträger während ihres bzw. seines Berufslebens beim Verteilen der Post in einer Großstadt etwa zurück?

Online-Link
700581-0101
Stadtplan

L *Informationen mit mathematischen Hilfsmitteln verarbeiten (mathematisieren). Kürzeste Wege planen.*

▶ *Ergänzende Aufgaben ab Seite 66*

2 Muster, Term, Gleichung

Zahlenfolgen lassen sich durch farbige Plättchen veranschaulichen. Gesetzmässigkeiten erkennt man oft, wenn die Plättchen als Figurenfolge gelegt werden. Man spricht dann von „figurierten Zahlen".

A natürliche Zahlen

B Dreieckszahlen, beschriftet mit D_1, D_2, D_3, D_4 usw.

C Quadratzahlen, beschriftet mit Q_1, Q_2, Q_3, Q_4 usw.

D Fünfeckszahlen, beschriftet mit F_1, F_2, F_3, F_4 usw.

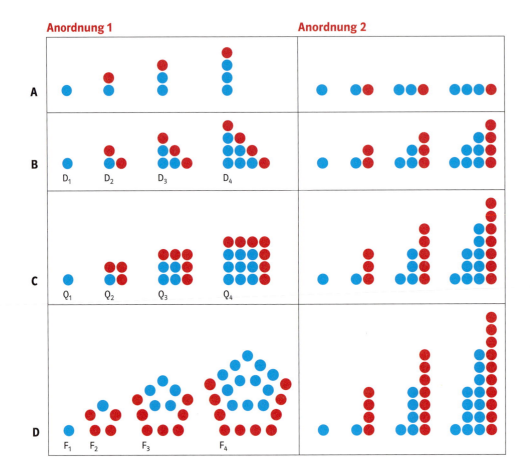

Figurierte Zahlen

1
a. Welche Gesetzmäßigkeiten erkennst du bei den einzelnen Zahlenfolgen? Beschreibe sie in eigenen Worten.
b. Wie sehen wohl die Sechseckszahlen aus? Zeichne und finde Gesetzmäßigkeiten.

2 Erstelle Tabellen für die Zahlen $D_1 \ldots D_{10}$, $Q_1 \ldots Q_{10}$, $F_1 \ldots F_{10}$.

3
a. Bestimme die 100. Quadratzahl Q_{100}.
b. Beschreibe die n-te Quadratzahl Q_n durch einen allgemeinen Term.

4
a. Bestimme die 20. Dreieckszahl D_{20}.
b. Beschreibe die n-te Dreieckszahl D_n durch einen allgemeinen Term.

L Terme aufstellen und umformen, Gleichungen lösen und interpretieren.

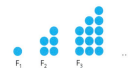

5 Auf dem Rand siehst du die ersten drei Fünfeckszahlen. Sie sind durch Umbau der Anordnung 2 entstanden.
a. Zeichne die vierte Fünfeckszahl F_4.
b. Beschreibe mithilfe dieser Darstellung die n-te Fünfeckszahl F_n durch einen allgemeinen Term.

6 Bestätige die folgenden Aussagen zunächst mithilfe der in Aufgabe 2 erstellten Tabellen. Beschreibe den jeweiligen Sachverhalt algebraisch und beweise ihn anschließend.
a. Die Summe zweier aufeinanderfolgender Dreieckszahlen D_{n-1} und D_n ist eine Quadratzahl.
b. Die Differenz aus der n-ten und (n-1)-ten Dreieckszahl ergibt die n-te natürliche Zahl.

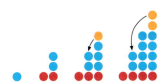

7 Alles n^2
  A $(n-1)^2 + (2 \cdot n - 1)$
  B $n + n \cdot (n-1)$
  C $\frac{n \cdot (3 \cdot n - 1)}{2} - \frac{(n-1) \cdot n}{2}$
  D $\frac{n \cdot (n+1)}{2} + \frac{(n-1) \cdot n}{2}$

a. Welcher der Terme A bis D passt zu dem links skizzierten „Umbau" der Quadratzahlen? Begründe.
b. Zeige durch Umformen der Terme, dass alle Terme gleichwertig sind.
c. Zeige dies auch durch Umbauen der Plättchen-Anordnungen der figurierten Zahlen.

Gleichungen

8 Die Gleichung $x^2 = 144$ hat die Lösungen $x = 12$ und $x = -12$.
a. Begründe dies.
b. Welcher Fragestellung entspricht die gegebene Gleichung im Zusammenhang mit den figurierten Zahlen?
c. Welche Bedeutung haben in diesem Zusammenhang die beiden Lösungen?
d. Welche Bedeutung hat die Gleichung $x^2 - (x-1)^2 = 21$ in diesem Zusammenhang? Formuliere die Gleichung in Worten und beantworte die Frage.

9 Eine Dreieckszahl hat den Wert 820. Die wievielte ist es?

10 Formuliere die folgenden Gleichungen als Fragestellung im Zusammenhang mit den figurierten Zahlen.
a. $\frac{x \cdot (x+1)}{2} = 300$
b. $\frac{x \cdot (x+1)}{2} - \frac{(x-1) \cdot x}{2} = 57$
c. $\frac{x \cdot (3 \cdot x - 1)}{2} = x^2 + \frac{(x-1) \cdot x}{2}$
d. $x^2 - (x-1)^2 = 2 \cdot x + 1$

Ergänzende Aufgaben ab Seite 68   *Training auf Seite 69*

3 Kopfgeometrie

Einfache Gegenstände können sich die meisten Menschen im Kopf vorstellen. Sobald Körper aber verändert oder bewegt werden, stößt man an die Grenzen des Raumvorstellungsvermögens. Training kann diese Fähigkeit verbessern.

Eigenschaften eines Tetraeders

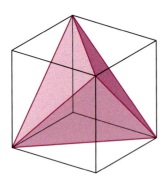

1 Zieht man in jeder Seitenfläche eines Würfels eine Flächendiagonale, erhält man ein Tetraeder. Tetraeder sind spezielle Pyramiden.
  a. Wie viele Seitenflächen, wie viele Kanten, wie viele Ecken hat dieser Körper?
  b. Welche Form hat eine Seitenfläche?
  c. Unter welchem Winkel treffen sich Kanten in einer Ecke?
  d. Beschreibe die Lage von zwei Tetraederkanten, die sich nicht treffen, genauer.
  e. Wie viele verschiedene Netze eines Tetraeders findest du?

2 Fertige ein Modell des oben abgebildeten Würfels mit einem eingesetzten Tetraeder an. Der Würfel soll eine Kantenlänge von 6 cm haben. Um das Tetraeder hineinsetzen zu können, soll der Würfel oben offen sein.
Zeichne zunächst ein Würfelnetz und ein Netz des dazugehörigen Tetraeders. Berücksichtige die notwendigen Klebekanten. Jetzt kannst du das Modell anfertigen.

Pyramiden herstellen

3 Stelle nach der Anleitung eine Tetrapackung her.

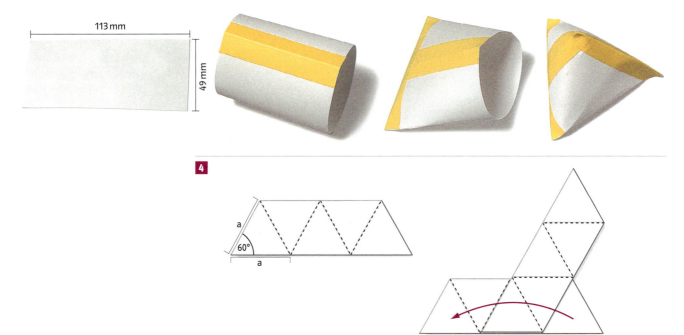

  a. Zeichne zwei solche Streifen und schneide sie aus. Knicke die beiden Streifen entlang der gestrichelten Linien nach oben.
  b. Lege die beiden Streifen wie in der Abbildung zu sehen aufeinander. Bringe die beiden äußeren Dreiecke des waagerechten Streifens zur Deckung. Dann entsteht ein Tetraeder, bei dem allerdings noch eine dreieckige Lasche übersteht. Mit dieser Lasche kann man das Tetraeder schließen, indem man sie in den passenden Schlitz hineinschiebt.

L *Raumvorstellungsvermögen weiterentwickeln.*

5 Aus einem massiven Würfel kann ein Tetraeder durch vier Schnitte herausgetrennt werden.
a. Beschreibe die Form der weggeschnittenen Körper.
b. Zeichne Netze dieser Körper.
c. Stelle mehrere solcher Körper her.
d. Kombiniert gemeinsam zwei, vier oder acht dieser Körper zu einem neuen. Beschreibt jeweils die Eigenschaften des neu entstandenen Körpers.

Online-Link
700581-0301
Kopiervorlage

6 Ein Tetraeder mit den beschrifteten Ecken 1, 2, 3, 4 steht auf der Startposition S wie in der Abbildung. Es wird jeweils um eine Kante in das nächste Feld gekippt (Kopiervorlage).

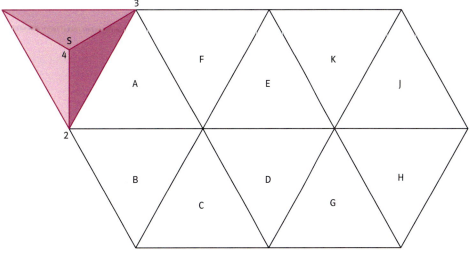

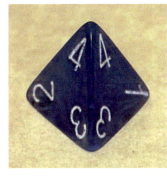

a. Ein Weg führt vom Start über die Felder A, B, C nach D. Welche der Tetraederecken ist jeweils oben?
b. Wie ist es, wenn aus der Startposition S wie folgt gekippt wird: S – A – F – E – D?
c. Zwei Wege führen von S nach J: S – A – F – E – K – J und S – A – B – C – D – G – H – J. Welche Ecke liegt jeweils, bei J angekommen, oben?
d. Untersuche andere Wege von S nach J. Halte deine Ergebnisse schriftlich fest.

7 Im links abgebildeten Tetraeder sind vier Kantenmitten markiert worden. Ein ebener Schnitt durch diese vier Punkte teilt das Tetraeder in zwei kongruente Teilkörper.
a. Begründe, dass die vier Kantenmitten die Ecken eines Quadrates sind.
b. Zeichne ein Netz der entstandenen Teilkörper.
c. Stelle zwei solche Teilkörper her. Kann deine Nachbarin oder dein Nachbar die beiden Teilkörper wieder zu einem Tetraeder zusammensetzen?

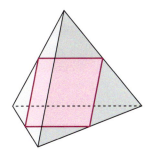

▶ *Ergänzende Aufgaben ab Seite 70*

4 Verpackungen

Du kennst sicher ganz unterschiedlich geformte Verpackungen. Bevor ein Produkt auf den Markt kommt, muss u. a. entschieden werden, wie die Verpackung aussehen soll und welche Menge hineinpassen soll.

1

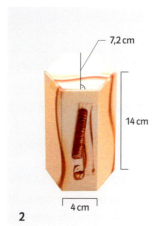
2

3

4

> Ein **gerades Prisma** ist ein Körper mit zwei deckungsgleichen Vielecken als Grund- und Deckfläche und senkrecht stehenden rechteckigen Seitenflächen.

1 Auf den Fotos siehst du verschiedene Verpackungen.
a. Welche Verpackungen haben die Form von geraden Prismen? Beschreibe ihre Grund-, Deck- und Seitenflächen.
b. Skizziere das Netz einer beliebigen Verpackung und das eines geraden Prismas.
c. Bestimme die Oberfläche der Verpackungen 2 und 5. Den zusätzlich benötigten Karton für Verschluss und Falze musst du nicht berücksichtigen.
d. Überlege, wie man das Volumen von geraden Prismen berechnen kann. Bestimme das Volumen der Verpackungen 1 und 8.

2
a. Baue aus einem einzigen DIN-A4-Blatt eine interessante Verpackung für ein Produkt, das neu auf den Markt kommen soll. Nutze dabei die Fläche deines Blattes möglichst gut aus. Zerschneiden und Kleben sind erlaubt.
b. Skizziere deine Verpackung dreidimensional.
c. Erstelle ein Netz deiner Verpackung mit Maßangaben.
d. Berechne die Oberfläche deiner Verpackung.
e. Fasse kurz zusammen, wie du bei der Planung und Durchführung vorgegangen bist. Welche Probleme sind möglicherweise aufgetreten und wie hast du sie gelöst?

5

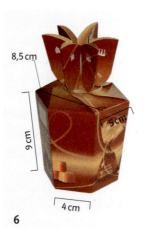
6

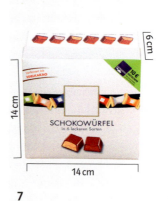
7

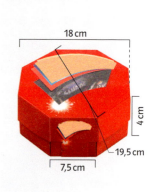
8

L *Gerade Prismen erkennen. Flächen erkennen und berechnen.*

Die Künstler Christo und Jeanne Claude gestalteten unter anderem durch das Verhüllen von Gebäuden und Bäumen und das Umsäumen von Inseln ganz besondere Kunstwerke. Hier lernst du zwei ihrer bekanntesten Projekte kennen.

3 Umsäumte Inseln, Biscayne Bay, Greater Miami/USA, 1980 – 1983

1983 umrandeten Christo und Jeanne-Claude elf Inseln vor der Küste Miamis in Florida mit schwimmendem Stoff. Insgesamt legten sie mehr als 600 000 m² Stoff entlang der Inselküsten auf die Wasseroberfläche.

Die Umrandung bestand aus Stoffstreifen mit einer Breite zwischen 3,7 m und 6,7 m. Die Seitenlängen der Streifen schwankten zwischen 120 m und 190 m.

a. Wie groß war die Fläche dieser Stoffstreifen höchstens/mindestens? Rechne mit rechteckigen Stoffstreifen.
b. Schätze möglichst gut die Fläche der abgebildeten Insel und die Fläche ihrer „Verpackung". Beschreibe deinen Lösungsweg.
c. Christo und Jeanne-Claude verbrauchten pro Insel durchschnittlich 50 000 m² Stoff. Vergleiche mit deiner Schätzung.
d. Skizziere eine rechteckige „Insel" mit einem Umfang von 500 m. Welche Fläche überdeckt eine 60 m breite Umrandung?

23 Jahre mussten Jeanne-Claude und Christo beharrlich Überzeugungsarbeit leisten, bis es 1995 zur Verhüllung des Reichstages in Berlin kommen konnte.
Die Verhüllung begann am 17. 6. 1995 und wurde am 24. 6. 1995 abgeschlossen. Am 7. Juli 1995 wurde die Verhüllung wieder abgebaut. Insgesamt 5 Millionen Besucher kamen zu diesem Ereignis. Danach begann der Umbau des Reichstages zum Sitz des Deutschen Bundestages, diese Umgestaltung wurde 1999 abgeschlossen.

4 Verhüllter Reichstag, Berlin/Deutschland, 1995

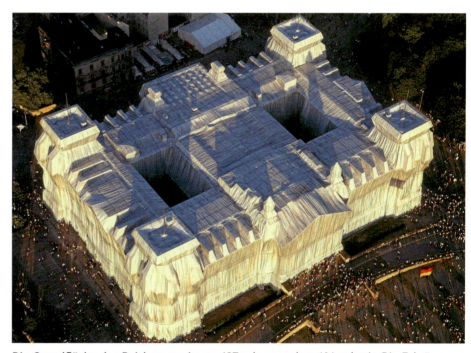

Die Grundfläche des Reichstages ist ca. 137 m lang und ca. 104 m breit. Die Ecktürme haben eine Höhe von 46 m. Es wurden über 100 000 m² feuerfestes Polypropylengewebe und 15 600 m Seil verarbeitet. Bei der Montage wurden 90 Kletterer benötigt.

a. Vergleiche die Menge des benötigten Stoffs mit der Größe eines Fußballfeldes.
b. Wie oft könnte man das für die Verhüllung benötigte Seil um das Fußballfeld legen?
c. Wie viel Stoff wurde für die Verhüllung der Vorderfront ungefähr benötigt?
d. Wie hoch darf ein Hochhaus mit einer Grundfläche von 70 m × 40 m sein, damit es mit dieser Stoffmenge verhüllt werden könnte?
e. Erfinde selbst ähnliche Aufgaben und stelle sie anderen.

Online-Link
700581-0401
Fotos

Ergänzende Aufgaben ab Seite 71

5 Binome multiplizieren

Du weißt schon, wie Summen miteinander multipliziert werden. Du hast das Produkt $(a + b) \cdot (c + d)$ als Rechteck dargestellt und kannst es ausmultiplizieren: $(a + b) \cdot (c + d) = ac + ad + bc + bd$
Selbstverständlich kann man auch Terme wie $(a + b)$ oder $(x - y)$ mit sich selbst multiplizieren, also quadrieren.

> Das Wort „Binom" kommt aus dem Lateinischen:
> bi – zwei, zweifach;
> nomen – Name.

Erste binomische Formel

1 $11^2 = (10 + 1)^2 = (10 + 1) \cdot (10 + 1) = 100 + 20 + 1 = 121$
$12^2 = (10 + 2)^2 = (10 + 2) \cdot (10 + 2) = 100 + 40 + 4 = \ldots$
$13^2 = (10 + 3)^2 = \ldots$
$14^2 = \ldots$

a. Setze die Serie in deinem Heft in gleicher Weise ohne Taschenrechner fort.
b. Beschreibe allgemein den Term $(10 + x)^2$.
c. Beschreibe allgemein den Term $(20 + x)^2$.
d. Beschreibe allgemein $(a + x)^2$.

Zweite binomische Formel

2 $(10 + x)^2 =$

a. Setze für x der Reihe nach $-1, -2, -3 \ldots$ ein und stelle dar wie in Aufgabe 1.
b. Veranschauliche drei Terme in einem Hunderterfeld (Kopiervorlage „Hunderterfeld").

3 $(10 - x)^2 =$

a. Setze für x der Reihe nach $5, 6, 7 \ldots$ ein und stelle dar wie in Aufgabe 1.
b. Stelle drei Terme aus Aufgabe a. in einem Malkreuz dar.

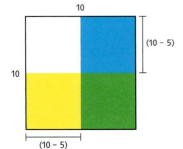

·	10	−5
10	100	−50
−5	−50	25

c. Beschreibe allgemein $(a - x)^2$.

Dritte binomische Formel

4 $(10 + x) \cdot (10 - x) =$

a. Setze für x der Reihe nach $1, 2, 3 \ldots$ ein und berechne die Resultate.
b. Stelle drei Terme aus a. in einem Malkreuz dar.

·	10	5
10	100	50
−5	−50	−25

c. Beschreibe allgemein $(10 + x) \cdot (10 - x)$.
d. Beschreibe ebenso $(a + x) \cdot (a - x)$.

L *Die binomischen Formeln vertiefen.*

Richard Paul Lohse:
„Sechs vertikale systematische Farbreihen mit orangem Quadrat rechts oben", 1968

Quadrate im Bild von Richard Paul Lohse

5
a. Erkläre die erste binomische Formel anhand von Flächen im Bild von R. P. Lohse.
b. Suche eine Fläche, die durch den Term $(a + b + c)^2$, ein „Trinom" im Quadrat, beschrieben wird. Übertrage sie in dein Heft.
c. Finde weitere Terme, die die Fläche $(a + b + c)^2$ beschreiben.
d. Formuliere die „trinomische Formel" für den Term $(a + b + c)^2$.

6 Wie lautet eine Formel zur Termumformung von $(a + b + c + d)^2$? Überprüfe anhand des Bildes von R. P. Lohse.

Binome in „3D": $(a + b)^3$

7
a. Stelle das Volumen des Würfels mit verschiedenen Termen dar.
b. Zeige durch Termumformung, dass die Terme äquivalent sind.

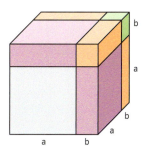

▶ *Ergänzende Aufgaben ab Seite 73*

6 Ganz einfach gerade

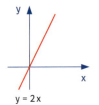
y = 2x

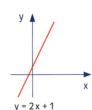
y = 2x + 1

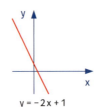
y = −2x + 1

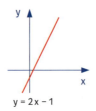
y = 2x − 1

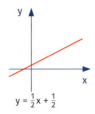
y = $\frac{1}{2}$x + $\frac{1}{2}$

1

a. Zeichne ein Rechteck mit dem Umfang 12 cm.
b. Überlege dir verschiedene Möglichkeiten für die Länge x und die Breite y und notiere diese in einer Wertetabelle.

Länge x in cm						
Breite y in cm						

c. Beschreibe den Zusammenhang zwischen x und y durch eine Gleichung.
d. Zeichne den Graphen. Welche Gestalt hat der Graph?

> Geraden können durch eine Gleichung der Form y = m x + c beschrieben werden. Hierbei gibt m die Steigung an und (0|c) ist der Punkt, an dem die Gerade die y-Achse schneidet.
> c heißt y-Achsenabschnitt.

2

a. Zeichne ein gleichschenkliges Dreieck mit dem Umfang 15 cm.
b. Überlege dir wie in Aufgabe 1 verschiedene Möglichkeiten für die Länge x der Basis und die Länge y der Schenkel und notiere sie in einer Wertetabelle.
c. Beschreibe den Zusammenhang zwischen x und y durch eine Gleichung und zeichne den Graphen. Welche Gestalt hat der Graph?

Geraden im Koordinatensystem

3 Ordne jeweils Gleichung, entsprechende Tabelle und entsprechenden Graphen zu.

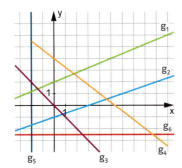

A	x	−2	0	2	5	10
	y	2	0	−2	−5	−10
B	x	−2	0	2	5	10
	y	−2,5	−2,5	−2,5	−2,5	−2,5
C	x	−2	0	2	5	10
	y	−$\frac{5}{3}$	−1	−$\frac{1}{3}$	$\frac{2}{3}$	$\frac{7}{3}$
D	x	−2	0	2	5	10
	y	5,5	4	2,5	0,25	−3,5
E	x	−2	0	2	5	10
	y	1,2	2	2,8	4	6
F	x	−2	−2	−2	−2	−2
	y	4	2	1	0	−1

Gleichung I   y = −x
Gleichung II   y = $\frac{2}{5}$x + 2
Gleichung III y = $\frac{1}{3}$x − 1
Gleichung IV   y = −2,5
Gleichung V   x = −2
Gleichung VI   y = −$\frac{3}{4}$x + 4

L *Geraden durch Gleichungen beschreiben.*

4 Betrachte die Geraden in Aufgabe 3.
a. Begründe, warum der Punkt P(20|10) auf der Geraden g_1 liegt.
b. Begründe, warum der Punkt Q(11|−4) nicht auf der Geraden g_4 liegt.
c. Welche x-Koordinate muss der Punkt R(x|20) haben, damit er auf der Geraden g_2 liegt?
d. Welche y-Koordinate muss der Punkt S(30|y) haben, damit er auf der Geraden g_3 liegt?

Beziehungen zwischen Geraden

5 Gegeben ist eine Gerade durch die Gleichung $y = \frac{1}{2}x - 3$.
a. Erstelle eine Wertetabelle und stelle die Gerade in einem Koordinatensystem dar.
b. Spiegle diese Gerade an der y-Achse. Erstelle dazu eine passende Wertetabelle. Beschreibe diese Gerade durch eine Gleichung.
c. Führe das Gleiche mit anderen Geraden durch. Bescheibe, was sich durch die Spiegelung an der y-Achse in der Gleichung verändert.

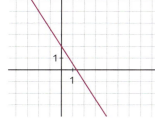

6 Gegeben ist die Gerade links.
a. Beschreibe die Gerade durch eine Wertetabelle und eine Gleichung.
b. Verschiebe die Gerade parallel in y-Richtung um die Werte 2, −2, −4. Beschreibe die neuen Geraden je durch eine Gleichung.
c. Führe das Gleiche mit anderen Geraden durch. Beschreibe, was sich durch die Verschiebung parallel zur y-Achse in der Gleichung verändert.

7 Gegeben ist die folgende Wertetabelle:

x	−6	−3	0	3	6
y	−1	0	1	2	3

a. Zeichne den zugehörigen Graphen in ein Koordinatensystem und beschreibe die Gerade durch eine Gleichung.
b. Spiegle die Gerade an der Winkelhalbierenden (das ist die Gerade mit der Gleichung $y = x$). Bestimme die Gleichung der neuen Geraden.
c. Führe das gleiche mit anderen Geraden durch. Beschreibe, wie sich die Steigung der Geraden durch eine Spiegelung an der Winkelhalbierenden $y = x$ verändert.

Allgemeine Form der Geradengleichung

8 Auch diese Gleichungen beschreiben Geraden.
a. Zeichne die folgenden Geraden in ein Koordinatensystem ein und bestimme jeweils die Steigung.
   g_1: $2x - y = 1$ g_2: $x - \frac{1}{2}y = -3$ g_3: $2x + 3 = 0$
   g_4: $2x + 3y = 0$ g_5: $-x + 2y + 1 = 0$ g_6: $2y = 5$
b. Welche Vorteile hat diese Form der Geradengleichung gegenüber der bisher eingeführten? Gibt es auch Nachteile?

7 Achilles und die Schildkröte

Der griechische Philosoph Zenon lebte von ca. 490 bis 430 v. Chr. Er erfand die Geschichte von Achilles und der Schildkröte. Eine moderne Version davon lautet: „Der sportliche Held Achilles rennt zehnmal so schnell wie eine Schildkröte. Er lässt der Schildkröte einen Vorsprung von 100 m. Beide starten gleichzeitig. Bis Achilles den Startpunkt der Schildkröte erreicht, ist diese bereits an einem neuen Ort. Bis Achilles diesen Ort erreicht, ist die Schildkröte …". Wie geht die Geschichte weiter?

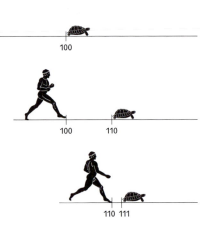

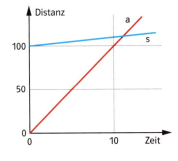

1 In diesem Diagramm stellt die Gerade a die Bewegung von Achilles dar. Die Gerade s veranschaulicht die Bewegung der Schildkröte.
   a. Was bedeutet diese Darstellung?
   b. Beschreibe die beiden Geraden jeweils durch eine Gleichung.
   c. Berechne die genaue Distanz, bei der Achilles die Schildkröte einholt. Wie gehst du vor?
   d. Wie viele Meter Vorsprung müsste die Schildkröte haben, damit Achilles sie nach einer Distanz von 200 m einholt?
   e. Nimm mithilfe der Grafik Stellung zu der Geschichte von Zenon.

2 Zeichne in ein Koordinatensystem zwei Geraden ein, die sich im Punkt P(1|3) schneiden.
   a. Beschreibe beide Geraden jeweils durch eine Gleichung.
   b. Wie kannst du überprüfen, ob die Gleichungen richtig sind? Beschreibe, wie du vorgehst.
   c. Finde ohne Zeichnung eine dritte Gerade, die die beiden anderen auch im Punkt P schneidet. Wie gehst du vor?
   d. Stelle die Gleichungen von zwei Geraden auf, die sich im Punkt Q(−2|5) schneiden.

L *Schnittpunkte von Geraden zeichnerisch und rechnerisch bestimmen.*

3

a. Lies aus der Zeichnung die Gleichungen der einzelnen Geraden ab.

b. Lies aus der Zeichnung die Schnittpunkte ab. Welche Probleme treten auf?

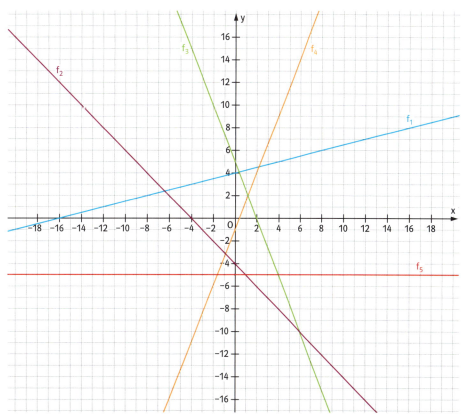

c. Berechne die Koordinaten der einzelnen Schnittpunkte.

d. Formuliere eine Anleitung für die Berechnung eines Schnittpunktes zweier Geraden.

e. Erfinde zu zwei Geraden eine Geschichte. Was bedeutet der Schnittpunkt der Graphen für die Geschichte?

4
Ein Quadrat hat die Eckpunkte $(0|0)$, $(1|0)$, $(1|1)$ und $(0|1)$. Auf der rechten Seite des Quadrates sind folgende Punkte gegeben: $\left(1|\frac{2}{3}\right)$, $\left(1|\frac{1}{2}\right)$, $\left(1|\frac{1}{3}\right)$, $\left(1|\frac{1}{4}\right)$, $\left(1|\frac{1}{6}\right)$, $\left(1|\frac{1}{12}\right)$.

Von $(0|0)$ aus führen Geraden $g_1, g_2, \ldots, g_6$ durch die gegebenen Punkte.
Die Geraden schneiden die Diagonale d in den Punkten $P_1, P_2, \ldots, P_6$.

a. Berechne die Koordinaten der Punkte $P_1, P_2, \ldots, P_6$.

b. Berechne die Koordinaten der Schnittpunkte von h mit $g_1, g_2, \ldots, g_6$.

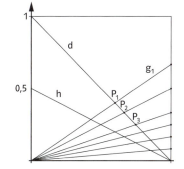

Ergänzende Aufgaben ab Seite 77

8 Gesetze des Zufalls

Das Spiel „Schweinerei" wird mit zwei Schweine-Würfeln gespielt. Es gibt unterschiedlich viele Punkte, je nachdem, wie die Schweinchen liegen. Gerecht ist diese Bepunktung sicher, da sie für alle gilt. Ist sie aber auch angemessen? Bekommen vielleicht einige Positionen ungerechtfertigt viele Punkte?

Auszug aus den Regeln für „Schweinerei"

Faule Sau: Die Schweine liegen auf verschiedenen Seiten.
0 Punkte

Sau: Beide Schweine liegen auf der gleichen Seite.
1 Punkt

Haxe: Ein Schwein steht auf den Füßen, das andere liegt.
5 Punkte

Doppelhaxe: Beide Schweine stehen auf den Füßen.
20 Punkte

Halbe Suhle: Ein Schwein liegt auf dem Rücken, das andere auf der Seite.
5 Punkte

Volle Suhle: Beide Schweine liegen auf dem Rücken.
20 Punkte

Schnauze: Ein Schwein stützt sich auf die Schnauze, das andere liegt auf der Seite.
10 Punkte

Volle Schnauze: Beide Schweine stützen sich auf die Schnauze.
40 Punkte

Gulasch: Bei Kombinationen werden die Einzelpunkte addiert.

1 Klärt die Spielregeln und spielt eine Runde „Schweinerei".

2
a. Probiere aus, welche Positionen für ein einzelnes Schwein möglich sind.
b. Schätze, wie oft welche Position bei hundert Würfen mit einem einzelnen Schwein vorkommen wird und notiere deine Schätzung.
c. Vergleicht und diskutiert eure Schätzungen.

3 Wie könnt ihr eure Schätzungen überprüfen? Entwickelt einen Plan und führt ihn aus.

4
a. Tragt in einer Datei der Tabellenkalkulation alle Versuchsreihen einzeln ein und lasst die Tabellenkalkulation immer die relativen Häufigkeiten bis zu dieser Reihe berechnen. Lasst die Tabellenkalkulation auch einen Graphen zeichnen, der diese relativen Häufigkeiten anzeigt.
b. Formuliert eure Beobachtungen.
c. Schätzt, welche Werte die relativen Häufigkeiten annehmen würden, wenn man die Anzahl der Würfe stark erhöhen würde.

Online-Link
700581-0801
Dateivorlage
Schweinerei-Tabelle

5 Stell dir vor, es würden 1000 Würfe mit jeweils einem Schwein durchgeführt.
a. Wie oft würdest du die Wurfposition Schnauze etwa erwarten, wie oft die anderen Positionen?
b. Wenn du eine Tabellenkalkulation zur Verfügung hast, kannst du die 1000 Würfe mithilfe des Befehls „Zufallszahl()" simulieren. Ihr müsst dabei die Zufallszahl so einstellen, dass sie eurer geschätzten Wahrscheinlichkeit entspricht.

L *Empirisches Gesetz der großen Zahlen wiederholen, Baumdiagramm erstellen, Pfadregel benutzen.*

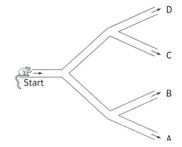

6 Nimm an, Wissenschaftler hätten Mäuse gezüchtet, die bei einer Abzweigung in einem Drittel der Fälle nach links abbiegen und in zwei Drittel der Fälle nach rechts. 18 000 dieser Mäuse werden nun in das links stehende Labyrinth geschickt.
a. Wie viele Mäuse würden bei welchem Endpunkt vermutlich etwa herauskommen?
b. Wie groß wäre die relative Häufigkeit, mit der die Mäuse aus den verschiedenen Löchern jeweils herauskommen?
c. Wie groß wären die Wahrscheinlichkeiten, mit denen eine einzelne Maus aus den jeweiligen Löchern wieder herauskommen würde?

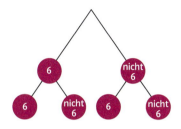

7 Du wirfst einen normalen Spielwürfel zweimal nacheinander.
a. Bestimme die Wahrscheinlichkeiten für folgende Ereignisse
   A Es wird zweimal eine 6 gewürfelt.
   B Es wird genau einmal eine 6 gewürfelt.
   C Es wird keine 6 gewürfelt.
   Das Baumdiagramm kann dir bei deiner Schätzung helfen.
b. Diskutiert und begründet eure Ergebnisse.
c. Formuliere eine Regel.
d. Links ist eine sogenannte Vier-Felder-Tafel dargestellt. Erkläre die Tabelle. Was hat diese Darstellung mit Teilaufgabe a. und mit den Malkreuzen zu tun?
e. Wie oft würdest du bei 1000 Würfen eine Doppelsechs, genau eine 6, keine 6 erwarten? Wenn du eine Tabellenkalkulation zur Verfügung hast, überprüfe deine Rechnung, indem du das Experiment simulierst.

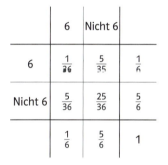

	6	Nicht 6	
6	$\frac{1}{36}$	$\frac{5}{35}$	$\frac{1}{6}$
Nicht 6	$\frac{5}{36}$	$\frac{25}{36}$	$\frac{5}{6}$
	$\frac{1}{6}$	$\frac{5}{6}$	1

Vier-Felder-Tafel

8 Du wirfst wieder mit Schweine-Würfeln.
a. Zeichne ein entsprechendes Baumdiagramm, mit dem man die Frage untersuchen kann, wie wahrscheinlich die Fälle Schnauze und volle Schnauze sind.
b. Untersuche auf diese Weise auch die anderen Fälle.
c. Wie müsste ein Baumdiagramm aussehen, das alle möglichen Fälle darstellt? Zeichne es auf ein DIN-A3-Blatt.
d. Vergleiche deine Ergebnisse aus Teilaufgaben a. und b. mit dem Baumdiagramm aus Teilaufgabe c. Was fällt dir auf? Formuliere eine Regel.

9
a. Wie oft würdest du die einzelnen Schweinerei-Ergebnisse bei 1000 Würfen mit zwei Schweinen erwarten? Mit einer Tabellenkalkulation kannst du deine Erwartung überprüfen, indem du das Experiment simulierst.
b. Betrachte die im Spiel vorgegebenen Punktzahlen. Sind sie angemessen? Schreibe dir zunächst deine Bewertung und Argumente auf und diskutiere sie dann mit deinen Mitschülerinnen und Mitschülern.
c. Wie viele Punkte wird man im Durchschnitt bei 1000 Würfen erwarten?
d. Wie viele Punkte wird man durchschnittlich pro Wurf erwarten?

10 Entwickle ein ähnliches Spiel mit unregelmäßigen Körpern (Legosteinen, Muscheln, Tannenzapfen, Turnschuhen o. Ä.), bei dem die Punktverteilung angemessen ist.

11 Entwickle ein „faires" Wett-Spiel, d.h. ein Spiel, bei dem ein Spieler auf lange Sicht weder Verlust macht noch Gewinne. In welchem Zusammenhang stehen Einsatz und zu erwartende Auszahlung?

Ergänzende Aufgaben ab Seite 79   *Training auf Seite 78*

9 Wurzeln

Falte ein Quadrat mit der Seitenlänge 20 cm aus Papier so, dass ein Quadrat mit einem halb so großen Flächeninhalt entsteht. Wie lang ist dessen Seite?

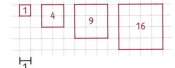

1 Bei Quadraten, deren Flächenmaßzahl eine Quadratzahl ist, lässt sich die Seitenlänge einfach bestimmen. Bestimme die Seitenlängen der einzelnen Quadrate.

2 Bei Quadraten mit der Flächenmaßzahl A bezeichnet man die Seitenlänge mit $\sqrt{A}$. Sprich: „Wurzel aus A".

a. Wie groß sind folgende Wurzeln ungefähr?
$\sqrt{10}, \sqrt{20}, \sqrt{30}, \sqrt{40}, \sqrt{50}, \sqrt{60}, \sqrt{70}, \sqrt{80}, \sqrt{90}, \sqrt{100}$

b. Quadriere deine Schätzungen. Verbessere sie und vergleiche mit dem Ergebnis des Taschenrechners, wenn du die Wurzeltaste benutzt.

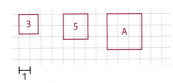

Beispiel:
$\sqrt{10} \approx 3$

$3^2 = 9$ $\quad$ $3{,}1^2 = 9{,}61$ $\quad$ $3{,}2^2 = 10{,}24$ $\quad$ $3{,}15^2 = 9{,}9225$ $\quad$ $\boxed{\sqrt{x}}$ $10 = 3{,}162\,277\,66$

Auch das Ergebnis des Taschenrechners beim Wurzelziehen ist nicht immer exakt.
Je nach Taschenrechnertyp wird eine bestimmte Anzahl von Stellen nach dem Komma berechnet. Die letzte Stelle ist manchmal gerundet.

3
a. Wie groß sind die Quadrate?
b. Gib ihre Seitenlängen an.
c. Zeichne ebenso die Wurzeln anderer Zahlen, schätze und miss sie.

Für a ≥ 0 gilt:
$\sqrt{a^2} = a$
Für beliebige Zahlen b gilt:
$\sqrt{b^2} = b$

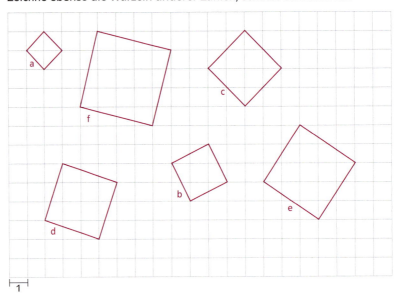

4 Finde mindestens zehn (natürliche oder gebrochene) Zahlen zwischen 1 und 25, deren Wurzel du genau bestimmen kannst.

Die Bedeutung von Quadratwurzeln verstehen. Quadratwurzeln bestimmen. Heron-Verfahren nutzen.

> Quadratwurzel aus 17,
> kurz: „Wurzel aus 17":
>
> $\sqrt{17}$
> |
> **Radikand**

5 Zwischen welchen natürlichen Zahlen liegt die Wurzel?
Beispiel: $3 < \sqrt{12} < 4$
$\sqrt{12}, \sqrt{37}, \sqrt{45}, \sqrt{65}, \sqrt{80}, \sqrt{110}, \sqrt{150}, \sqrt{200}, \sqrt{410}, \sqrt{620}, \sqrt{930}, \sqrt{1000}, \sqrt{2000}$ …

6 Bestimme folgende Wurzeln und formuliere eine Gesetzmäßigkeit.
a. $\sqrt{160\,000}, \sqrt{1600}, \sqrt{16}, \sqrt{0{,}16}, \sqrt{0{,}0016}$
b. $\sqrt{1\,440\,000}, \sqrt{14\,400}, \sqrt{144}, \sqrt{1{,}44}, \sqrt{0{,}0144}$
c. $\sqrt{\frac{4}{9}}, \sqrt{\frac{16}{81}}, \sqrt{\frac{25}{100}}, \sqrt{\frac{144}{169}}, \sqrt{\frac{289}{400}}$
d. Gib Dezimalbrüche und Brüche an, aus denen man einfach Wurzeln ziehen kann.

7 Ziehe jeweils die Wurzel. Benutze in jeder Zeile höchstens zweimal den Taschenrechner.
a. $\sqrt{10}, \sqrt{100}, \sqrt{1000}, \sqrt{10\,000}, \sqrt{100\,000}, \sqrt{1\,000\,000}, \sqrt{10\,000\,000}$
b. $\sqrt{0{,}1}, \sqrt{0{,}01}, \sqrt{0{,}001}, \sqrt{0{,}0001}, \sqrt{0{,}00001}, \sqrt{0{,}000001}, \sqrt{0{,}0000001}$
c. $\sqrt{2}, \sqrt{20}, \sqrt{200}, \sqrt{2000}, \sqrt{20\,000}, \sqrt{200\,000}, \sqrt{2\,000\,000}$
d. $\sqrt{1}, \sqrt{1{,}21}, \sqrt{1{,}44}, \sqrt{1{,}69}, \sqrt{1{,}96}, \sqrt{2{,}25}, \sqrt{2{,}56}$
e. $\sqrt{1}, \sqrt{4}, \sqrt{16}, \sqrt{64}, \sqrt{256}, \sqrt{1024}, \sqrt{4096}, \sqrt{16\,384}$
f. $\sqrt{2}, \sqrt{4}, \sqrt{8}, \sqrt{16}, \sqrt{32}, \sqrt{64}, \sqrt{128}, \sqrt{256}, \sqrt{512}$

8 Notiere mindestens zwei weitere Beispiele.
a. Die Wurzel ist eine natürliche Zahl: $\sqrt{289} = 17$
b. Die Wurzel ist ein Dezimalbruch mit einer Stelle nach dem Komma: $\sqrt{11{,}56} = 3{,}4$
c. Die Wurzel ist ein Dezimalbruch mit mehreren Stellen nach dem Komma:
$\sqrt{1{,}7956} = 1{,}34$
d. Die Wurzel ist größer als die ursprüngliche Zahl: $\sqrt{0{,}3364} = 0{,}58$
e. Die Wurzel liegt zwischen 100 und 101: $\sqrt{10\,020{,}01} = 100{,}1$
f. Die Wurzel ist kleiner als 1: $\sqrt{0{,}5} \approx 0{,}707$

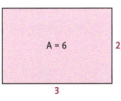
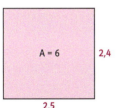
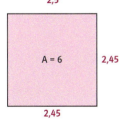

Iteration bedeutet Wiederholung: Gemeint ist hier die wiederholte Anwendung derselben Rechenverfahren wie im 2. Schritt beschrieben.

9 Heron-Verfahren
Das Heron-Verfahren ist eine Möglichkeit, Quadratwurzeln zu berechnen. Geometrisch gesehen wird ein Rechteck schrittweise in ein flächengleiches Quadrat umgewandelt.
Beispiel: Zur Bestimmung von $\sqrt{6}$ wird ein Rechteck mit 6 cm² in ein flächengleiches Quadrat umgewandelt.
1. Ein erster Näherungswert für die gesuchte Seitenlänge sei 3 cm. Damit ergibt sich eine zweite Seitenlänge von 2 cm.
2. Den nächsten Näherungswert für die Quadratseite erhalten wir, indem wir das arithmetische Mittel der beiden Werte berechnen: $\frac{2\,cm + 3\,cm}{2} = 2{,}5$ cm
   Damit ergibt sich für die andere Seite: 6 cm² : 2,5 cm = 2,4 cm.
3. Nun bilden wir erneut das arithmetische Mittel aus den beiden neuen Seiten und erhalten 2,45 cm. Die andere Seite: 6 cm² : 2,45 cm ≈ 2,45 cm.

Die einzelnen Schritte bei dieser Berechnung nennt man Iterationen. Die Seitenlänge des gesuchten Quadrates beträgt also ungefähr 2,45 cm und damit $\sqrt{6} \approx 2{,}45$.

a. Berechne mit dem Heron-Verfahren näherungsweise die Wurzel aus 30.
b. Schreibe mit der Tabellenkalkulation ein Programm für das Heron-Verfahren. Gehe dabei von einer festen Anzahl von Iterationen aus.
c. Was passiert, wenn du einen sehr kleinen oder sehr großen Startwert für die erste Seitenlänge nimmst?

▶ *Ergänzende Aufgaben ab Seite 81*   *Training auf Seite 83*

10 Algorithmen

Der Name „Algorithmus" geht zurück auf den Araber Abu Dshafar Muhammed Ibn Musa Al-Khwarizmi. Er lebte um 825 n. Chr. am Hofe des Kalifen Al-Ma'mun in Bagdad und verfasste verschiedene Bücher. Eines dieser Bücher heisst „Hisab al-gabr wal-muqa-bala", d.h. „Rechenverfahren durch Ergänzen und Ausgleichen". Das Wort „Algebra" stammt aus diesem Titel und hat offenbar auch historisch einen Bezug zum Lösen von Gleichungen.

Backrezept für einen Butterzopf

Zutaten	500 g Mehl, 1 TL Salz und 1 TL Zucker, 60 g Butter, 15 g Hefe, 3 dl Milch
Zubereitung	Mit den Zutaten einen Teig kneten.
Flechten	Aus dem Teig drei gleiche Stränge formen, nebeneinander legen und oben leicht zusammendrücken.
Backen	Den Zopf mit Eigelb bestreichen und im vorgeheizten Ofen bei 220 °C 45 Minuten backen.

In der Mathematik oder in der Informatik bezeichnet man eine Anweisung wie das Flechten eines Zopfs als „Algorithmus". Allgemein dienen Algorithmen der Bearbeitung eines besonderen Typs von Problemen. Solche Probleme kann man mit einer Folge von Anweisungen lösen. Diese werden nacheinander ausgeführt und oft in festgelegter Weise wiederholt. Das Zusammenzählen von zwei Brüchen oder das Zusammenbauen eines Kleiderschranks nach Anleitung sind Beispiele für Algorithmen.

Ausgangslage der drei Stränge.

Den Strang 3 innen an Strang 1 legen.

Fertig geflochtener Zopf.

Strang 1 innen an Strang 2 legen.   Strang 2 innen an Strang 3 legen usw.

1 Man kann Zöpfe auch aus zwei Strängen flechten.
Verfasse zur Bildfolge eine Beschreibung des Flecht-Algorithmus.

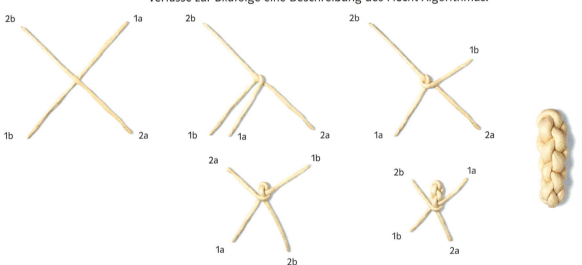

2 Finde weitere Beispiele von Algorithmen.

L   *Algorithmen kennen lernen, formulieren und verwenden.*

Der Euklidische Algorithmus

Algorithmen waren schon vor 2000 Jahren bekannt. Ein bekannter Algorithmus aus griechischer Zeit ist der „Euklidische Algorithmus". Er beschreibt ein Verfahren, mit dem der größte gemeinsame Teiler (ggT) zweier Zahlen gefunden werden kann.

Beispiel **ggT von 49 und 84**

$$84 = 1 \cdot 49 + 35$$
$$49 = 1 \cdot 35 + 14$$
$$35 = 2 \cdot 14 + 7$$
$$14 = 2 \cdot 7 + 0$$
$$\text{ggT}(49;\ 84) = 7$$

3 Berechne mit dem Euklidischen Algorithmus.
a. ggT(6; 8)   **b.** ggT(85; 65)   **c.** ggT(144; 89)   **d.** ggT(240; 480)

Algorithmen zum Sortieren

Es gibt Computerprogramme, die Sortier- und Suchalgorithmen verwenden. Nimm an, du hast Namen und Adressen von Freunden und Freundinnen in einer Computerdatei erfasst. Du möchtest die Liste dieser Namen alphabetisch ordnen. Dazu genügt in der Regel ein Mausklick. Dafür verwendet der Computer einen Sortieralgorithmus.

4 Die folgende Namenliste muss alphabetisch geordnet werden.
Bettina, Caroline, Severin, Simone, Deborah, Karl, Jan, Sarah, Maximilian, Nadia, Daniel, Dominique, Barbara, Lukas, Marion, Marie-Sophie, Leandra, Adrian, Rebecca, Silvana, Rachel.
a. Wie gehst du vor? Formuliere deinen Algorithmus.
b. Vergleicht eure Algorithmen.

5 Die folgenden Zahlen sollen von der kleinsten zur größten geordnet werden.
3, 9, 43, 35, 23, 11, 100, 54, 13, 1, 88, 12, 76, 91, 45, 60, 111, 19, 18, 99
a. Wie gehst du vor? Formuliere deinen Algorithmus.
b. Vergleicht eure Algorithmen.

Einer der Algorithmen, die von Computerprogrammen zum Sortieren verwendet werden, heißt „Selection Sort". Er funktioniert wie folgt:
Finde zuerst die kleinste Zahl in der Liste und tausche sie gegen die an der ersten Stelle befindliche Zahl aus. Finde danach die zweitkleinste Zahl und tausche sie gegen die an zweiter Stelle stehende Zahl aus. Fahre in dieser Weise fort, bis die gesamte Liste sortiert ist.

6 Führe den „Selection-Sort"-Algorithmus an der Zahlenliste durch.

7 Kann man den „Selection-Sort"-Algorithmus auch bei Namenliste verwenden? Begründe.

8 Nimm irgendeine große natürliche Zahl, z. B. 973659637184623555. Schreibe die Anzahl gerader, ungerader und die Gesamtzahl aller Ziffern hintereinander. Das ergibt eine neue Zahl. In unserem Beispiel wäre das die Zahl 61218 (6 gerade, 12 ungerade, total 18 Ziffern). Mit der neuen Zahl (im Beispiel 61218) verfährst du ebenso, mit der neuen Zahl verfährst du ebenso usw. Führe das mit verschiedenen, auch sehr großen Zahlen durch und begründe das Ergebnis.

11 Schattenbilder und Schrägbilder

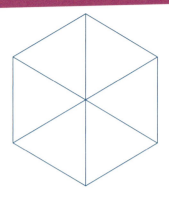

Das Kantenmodell eines Würfels wirft Schatten. Unter Umständen ist aus dem Schattenbild kaum mehr zu erkennen, dass es aus einem Würfel entstanden ist. Zur zeichnerischen Veranschaulichung von Körpern werden häufig Schrägbilder verwendet.

Schattenbilder

1 Stellt ein Kantenmodell eines Würfels her.

2
a. Erzeugt Schattenbilder und skizziert sie.
b. Erzeugt mit dem Kantenmodell das Schattenbild „regelmäßiges Sechseck". Beschreibt, worauf ihr dabei achten müsst.

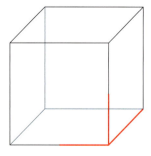

Schrägbilder

Diese zeichnerische Veranschaulichung eines Würfels nennt man Schrägbild. Schrägbilder haben folgende Eigenschaften:
- Strecken und Flächen, die parallel zur Zeichnungsebene stehen, werden „maßstabsgetreu" abgebildet. Beim Würfel bleiben beispielsweise die Vorder- und die Rückseite Quadrate.
- Strecken, die in Wirklichkeit senkrecht zur Zeichnungsebene stehen, werden schräg gezeichnet. Sie werden alle um einen gleichen Faktor verkürzt. Bei nebenstehendem Würfel gilt für die Seitenkanten beispielsweise der Faktor 0,5.

L *Schrägbilder von Würfeln und Würfelgebäuden zeichnen.*

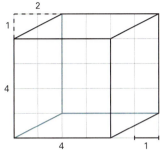

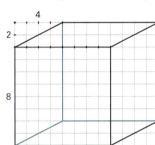

3

a. Studiere nebenstehende Darstellung. Erkläre, was der Code 4_1_2 bedeutet.
b. Zeichne nach dem gleichen Verfahren das Schrägbild eines Würfels mit der Kantenlänge 6. Notiere den entsprechenden Code. Trage die vier Körperdiagonalen ein.
c. Zeichne das Schrägbild eines Würfels mit dem Code 4_2_2. Trage die Körperdiagonalen ein. Welche Nachteile hat dieser Code?
d. Erfinde günstige Codierungen. Das Schrägbild soll als Würfel wahrgenommen werden.

4 Wie kannst du bei Schrägbildern den Verkürzungsfaktor durch Messen bestimmen?

Würfelgebäude

Würfelgebäude werden nach folgender Regel zusammengestellt: Würfel berühren sich immer vollständig an ganzen Seitenflächen.

5 Es gibt zwei verschiedene Würfeldrillinge. Baue sie.
Zeichne sie mit dem Code 4_1_2 für einen einzelnen Würfel.

6 Vierlinge werden durch Anhängen eines weiteren Würfels aus den Drillingen erzeugt. Es gibt acht verschiedene Vierlinge. Baue sie und zeichne sie mit dem Code 3_1_1 für einen einzelnen Würfel.
Beispiel:

 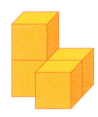

7 Jeder der unten gezeichneten Vierlinge A bis D kann mit einem weiteren Vierling zu einem Würfel ergänzt werden.
Bestimme und zeichne die Ergänzungen.

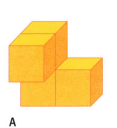 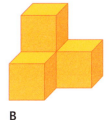  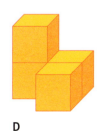

A   B   C   D

▶ *Ergänzende Aufgaben ab Seite 84*

12 Steuern und Abgaben

Wahrscheinlich denkst du, dass das Thema Steuern und Abgaben nur die Erwachsenen betrifft. Aber auch du zahlst bei jedem Einkauf Steuern und Abgaben.

Auf Waren und Dienstleistungen erhebt der Staat eine gesetzliche **Mehrwertsteuer** (MwSt.). Diese beträgt in Deutschland zur Zeit im Regelfall 19%. Für Lebensmittel, Bücher, Zeitungen und besonders förderungswürdige Dienstleistungen gilt ein reduzierter Mehrwertsteuersatz (7%).

1 Kim kauft ein: Laserdrucker 99 €, DVD-Brenner 32 €, 100 Rohlinge für 14,99 € und 500 Blatt Druckerpapier für 3,99 €.

a. Sie überlegt, wie teuer ihr Einkauf gewesen wäre, wenn sie keine Mehrwertsteuer hätte zahlen müssen. Den aktuellen Steuersatz findest du auf einem Kassenzettel oder im Internet.

b. Errechne zum oben genannten Einkauf für jedes Produkt die jeweilige Mehrwertsteuer und trage die Zuordnung Verkaufspreis → Mehrwertsteuer in ein geeignetes Koordinatensystem ein. Was fällt dir auf? Begründe.

c. Ein Scanner kostet im Einkauf 48,50 €. Berechne den Preis für den der Scanner verkauft wird, wenn das Geschäft einen Gewinn von 5% erzielen möchte und zudem noch die Mehrwertsteuer aufgeschlagen werden muss.

d. Macht es einen Unterschied, ob auf den Einkaufspreis zuerst die Mehrwertsteuer und dann die Gewinnspanne aufgeschlagen wird oder umgekehrt? Begründe ohne zu rechnen.

2 Für bestimmte Geräte, mit deren Hilfe Vervielfältigungen urheberrechtlich geschützter Inhalte angefertigt werden könnten, werden folgende Abgaben erhoben:

Ware	Pauschalabgabe (Stand 2011)
Tintenstrahldrucker	5,00 €
Laserdrucker	12,50 €
Scanner	12,50 €
CD-Brenner	8,70 €
DVD-Brenner	10,68 €
MP3-Player	2,56 €
CD-Rohling	0,08 €

a. Prüfe, ob die Angaben noch aktuell sind.

b. Ob man nun einen preiswerten Schwarz-Weiß-Laserdrucker oder einen teuren Farblaserdrucker kauft, die Abgabe ist immer gleich hoch. Stelle eine Tabelle auf, die zeigt wie viel Prozent die Pauschalabgabe für Laserdrucker zu 100 €, 200 €, …, 1000 € beträgt. Präsentiere dein Ergebnis in einer Grafik. Tabelle und Grafik kannst du auch von einem GTR oder einer Tabellenkalkulation erstellen lassen.

c. Macht es einen Unterschied, ob die Mehrwertsteuer vor oder nach der Addition der Pauschalabgabe aufgeschlagen wird? Begründe deine Aussage.

Online-Link
700581-1201
Erzeugen von Diagrammen mit EXCEL.

L *Im Sachzusammenhang mit Prozenten rechnen, Prozentrechnung als Spezialfall der Proportionalität anwenden, Tabellenkalkulation und Funktionsplotter angemessen nutzen.*

3 Sebastian hilft manchmal bei einem Getränkegroßhändler. Mit dem Verdienst bessert er sein Taschengeld auf. Diesen Sommer hat er die ganzen Ferien dort gejobbt.

a. Als er seinen Lohn bekommt, stellt er fest, dass dieser nicht voll ausbezahlt wurde. Als er deshalb zu seinem Chef geht, klärt der ihn auf: „Du musst als Schüler zwar keine Sozialabgaben zahlen, aber für diesen Monat musstest du Lohnsteuer und Soli an das Finanzamt abführen. Die Abzüge betrugen ca. 125 €, das waren 8,3 % deines Lohns." Wie viel hat Sebastian in dem Monat verdient?

b. Zusätzlich zur Lohnsteuer wird auch ein Solidaritätszuschlag, umgangssprachlich „Soli", einbehalten. Informiert euch, wann und warum diese Abgabe eingeführt wurde.

c. Der Solidaritätszuschlag ist abhängig von der Höhe der Lohnsteuer. Er wird bei ledigen/kinderlosen Erwerbstätigen, wie im Bild ersichtlich, erhoben. Interpretiere die Abbildung und gib an, wie viel Prozent der Lohnsteuer durch den Solidaritätszuschlag zusätzlich erhoben werden. Errechne die Höhe von Sebastians „Soli" und Lohnsteuer.

d. Erzeuge mit einem Tabellenkalkulationsprogramm ein Schaubild, das den prozentualen Anteil des Solidaritätszuschlags von der Lohnsteuer angibt.

Um bei der Tabellenkalkulation eine Fallunterscheidung zu machen, benötigt man den Wenn-Befehl.

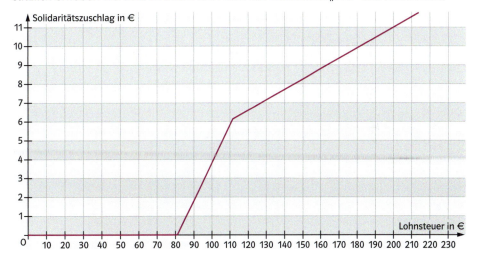

e. Da Sebastian nicht das ganze Jahr voll gearbeitet hat, bekommt er seine gezahlten Steuern zurück, wenn er eine vereinfachte Einkommensteuererklärung abgibt. Wenn man dagegen ein höheres Jahreseinkommen hat, muss man Lohnsteuer und Solidaritätszuschlag abführen. Der jeweilige Steuersatz hängt von der Höhe des Einkommens ab. Recherchiert, wie hoch der Prozentsatz für ledige/kinderlose Erwerbstätige aktuell ist, und stellt ihn grafisch dar.

▶ *Ergänzende Aufgaben ab Seite 86*   T2 *Teste dich selbst auf Seite 87*

13 Faktorisieren

Zwei Terme können das Gleiche bedeuten, obwohl sie auf den ersten Blick unterschiedlich aussehen.

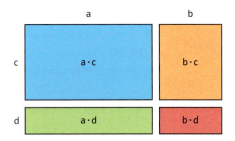

$a \cdot c + b \cdot c + a \cdot d + b \cdot d$
Summe aus vier Summanden.
Jeder Summand ist ein Produkt mit zwei Faktoren.

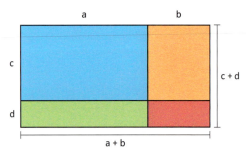

$(a + b) \cdot (c + d)$
Produit aus zwei Faktoren.
Jeder Faktor ist eine Summe mit zwei Summanden.

1 Hier sind drei verschiedene Beschreibungen der gelben Fläche F.
A $F = a \cdot b - x \cdot y$
B $F = a \cdot (b - y) + y \cdot (a - x)$
C $F = (a - x) \cdot (b - y) + y \cdot (a - x) + x \cdot (b - y)$

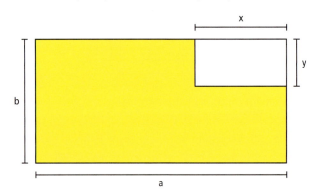

a. Erkläre an der Figur die Überlegungen, die hinter den drei Termen stehen.
b. Suche einen weiteren Term für die gelbe Fläche F.
c. Zeige durch Umformung, dass alle Terme gleichwertig sind.

L *Terme als Rechteckflächen interpretieren, Faktoren ausklammern. Faktorisieren mithilfe des „Satzes von Vieta".*

A

B

C

D

2 Die Figuren A bis D sind Rechtecke mit der Fläche F.

Term 1 $F = a \cdot b + b \cdot c = b \cdot (a + c)$
Term 2 $F = e \cdot f + e \cdot g + e \cdot h = e \cdot (f + g + h)$
Term 3 $F = u \cdot (x + y) + v \cdot (x + y) = (u + v) \cdot (x + y)$
Term 4 $F = s \cdot t + s \cdot q + r \cdot t + r \cdot q = (? + ?) \cdot (? + ?)$

a. Zeichne die Figuren ab und beschrifte sie.
b. Zu welcher Figur passt der Term 1? Begründe.
c. Zu welcher Figur passt keiner der vier Terme?
d. Zu welchen Figuren passen die Terme 2, 3 und 4?

Faktorisieren

Durch Ausklammern und mithilfe der binomischen Formeln hast du schon oft faktorisiert. Hilft beides nicht weiter, so gibt es eine dritte Möglichkeit eine Summe zu faktorisieren.

> **Faktorisieren**
> Oft kann man Summen oder Differenzen als Produkte darstellen. Diese Art von Termumformung nennt man Faktorisieren.
>
> Faktor · Faktor = Produkt
>
> Es gibt verschiedene Möglichkeiten eine Summe zu faktorisieren:
>
> **1. Ausklammern**
> $6xy + 9y^2 = 3y(2x + 3y)$
>
> **2. Faktorisieren mithilfe der binomischen Formeln**
> $x^2 + 6xy + 9 = (x - 3)^2$
> $16 - x^2 = (4 - x) \cdot (4 + x)$
>
> **3.**
> $x^2 + 7x + 12 = (x + 4)(x + 3)$
> $x^2 - x - 12 = (x - 4)(x + 3)$

3

A $x^2 + 8x + 16$
= $(x + 4)^2$

B $x^2 + 8x + 15$
= $(x + 3)(x + 5)$

C $x^2 + 8x + \Box$

a. Die Summen A und B wurden mithilfe von Malkreuzen faktorisiert. Vervollständige das Malkreuz für Summe C. Wie lautet die faktorisierte Form von C?
b. Stelle die Terme jeweils als Rechteckflächen dar.
c. Finde weitere Zahlen für a, so dass die Summe $x^2 + 8x + a$ leicht zu faktorisieren ist.
d. Für welchen Wert von a kann man die Summe durch Ausklammern faktorisieren?

4 Stelle die Terme jeweils mithilfe eines Malkreuzes dar.
a. $a^2 + 3a - 4$ b. $z^2 - 20z + 19$ c. $u^2 + u - 6$ d. $12 - 8b + b^2$
e. Finde zwei weitere Summen, die sich auf diese Art faktorisieren lassen und zwei, bei denen das nicht funktioniert.

▶ *Ergänzende Aufgaben ab Seite 88*   ✎ *Training auf Seite 89*

14 Zahlenfolgen

Folgen von Zahlen begegnen uns in der Kunst, in der Natur, beim Zählen ... Es ist nicht immer einfach, Muster in Zahlenfolgen zu erkennen und zu beschreiben.

You know my name (Look up the number)
Das Bild stammt vom Schweizer Künstler Eugen Jost. Eugen Jost wurde 1950 in Zürich geboren und wohnt in Thun. In seinen Bildern befasst er sich mit Zahlen, Zeichen und Wörtern. Er setzt sich vor allem mit Beziehungen zwischen Sprache und Mathematik auseinander: Sprache und Mathematik sind Mittel, die Welt abzubilden und zu beschreiben. Buchstaben und Zahlen sind für ihn die Figuren eines unendlich weiten Spielfeldes. Dazu gehören Wortspielereien, visuelle und mathematische Gedichte. Viele seiner Bilder realisiert Eugen Jost als Hoch- und Tiefdrucke und als Serigrafien. Das Bild „You know my name (Look up the number)" entstand 1998/99.

1 Betrachte das Bild „You know my name (Look up the number)".
Suche Gesetzmäßigkeiten in den Zahlenfolgen.
Beschreibe gefundene Muster in Worten und mathematisch.
Versuche, jeweils einige weitere Glieder der Folgen zu bestimmen. Ist das immer möglich?

L *Zahlenfolgen untersuchen und beschreiben; explizite und rekursive Folgenterme; Argumentieren.*

Fibonacci-Zahlen

2 Fibonacci hieß eigentlich Leonardo von Pisa. Er wurde aber Fibonacci (Sohn des Bonacci) genannt. In Algerien, wo sein Vater eine Handelsniederlassung leitete, lernte Leonardo die arabischen Zifffern und die indischen Rechenverfahren kennen. Um 1200 kehrte er nach Pisa zurück und veröffentlichte dort im Jahr 1202 ein Rechenbuch: Liber abaci. Dieses Buch enthielt viele Aufgaben aus dem Bereich des kaufmännischen Rechnens wie Umrechnungen von Geldeinheiten und Zinsrechnungen. Für Variablen verwendete er damals schon Buchstaben. Dank dieses Buches verbreitete sich die neue Schreibweise für Zahlen in Europa und ersetzte die alte unpraktischere römische Schreibweise.

a. Im Bild oberhalb des Wortes GIRASOLE (italienisch: Sonnenblume) steht die sogenannte Fibonacci-Folge 1, 1, 2, 3, 5, 8, 13, 21, 34, 55 …
Nach welcher Gesetzmäßigkeit baut sich die Zahlenfolge auf? Beschreibe.

b. Das einer Zahlenfolge zugrundeliegende Muster wird oft durch einen Term beschrieben. Für die Fibonacci-Folge sieht dieser so aus:
$a_1 = 1$; $a_2 = 1$; $a_n = a_{n-1} + a_{n-2}$ (a_n bedeutet das n-te Glied der Folge, z.B. $a_7 = 13$).
Erkläre diese Formel.

c. Erzeuge die Fibonacci-Folge mithilfe einer Tabellenkalkulation.

d. Im Buch „Liber abaci" hat Fibonacci die nach ihm benannte Folge anhand einer Kaninchenaufgabe entwickelt. Recherchiere diese Aufgabe und präsentiere die Lösung in deiner Klasse.

Zahlen in der Natur

3 Fibonacci-Zahlen kommen bei vielen Pflanzen vor. Auf den Abbildungen siehst du Schuppen oder Kerne, die spiralförmig angeordnet sind. Es gibt Spiralen im Uhrzeigersinn und solche im Gegenuhrzeigersinn.

a. Sammle verschiedene Zapfen oder Pflanzen, die ein Spiralmuster aufweisen (zum Beispiel Kakteen, Sonnenblume, Ananas). Zähle die Spiralen. Du kannst dazu auch die Abbildungen im Online-Link benutzen.

b. Der Apfelbaum hat eine 2/5-Blattstellung, der Birnbaum eine 3/8-Blattstellung. Recherchiere, was das bedeutet. Suche weitere Beispiele für diese oder andere Blattstellungen.

c. In Baumärkten gibt es oft Pinienzapfen aus Terrakotta als Dekorationselemente. Ist das Spiralmuster genauso wie in der Natur?

Online-Link
700581-1401
Spiralen

Ergänzende Aufgaben ab Seite 90

15 Eindeutig Funktionen

Online-Link
700581-1501
Kopiervorlage zu Aufgabe 1

> Eine Zuordnung x ↦ y, die jedem x-Wert genau einen y-Wert zuordnet, heißt **Funktion**.

1 Oben siehst du die Flaggen vieler Länder der Welt. Von einigen Ländern wirst du die Hauptstadt und die Amtssprache kennen.
  a. Ordne mithilfe der Kopiervorlage den Ländern die jeweilige Hauptstadt zu.
  b. Ordne den Ländern die jeweilige Amtssprache zu.
  c. Bei welchen Zuordnungen handelt es sich um Funktionen?

2 Betrachte folgende Zuordnungen in Bezug auf deine Klasse. Handelt es sich um Funktionen?
  a. „Einer Person wird ihr Hobby zugeordnet."
  b. Person ↦ Schulweglänge
  c. Vorname ↦ Nachname
  d. Person ↦ Anzahl Geschwister
  e. „Dem Nachnamen wird der Vorname zugeordnet."

3 Finde zwei weitere Zuordnungen in Bezug auf deine Klasse. Handelt es sich um Funktionen?

4 Notiere zunächst Zahlenbeispiele für die jeweilige Zuordnung. Handelt es sich um eine Funktion?
  a. natürliche Zahl ↦ Gegenzahl
  b. natürliche Zahl ↦ ganze Zahl mit diesem Betrag
  c. ganze Zahl ↦ Betrag dieser Zahl
  d. „Einer natürlichen Zahl wird die Anzahl ihrer Teiler zugeordnet."
  e. „Einer Quersumme wird eine natürliche Zahl zugeordnet."

Darstellen von Zuordnungen

Man kann Zuordnungen unterschiedlich darstellen: in Wortform, als Wertetabelle oder durch einen Graphen.
Funktionen bezeichnet man häufig mit f, g oder anderen Buchstaben. Oft kann man einen Funktionsterm angeben.
Links siehst du verschiedene Darstellungen für eine Beispielfunktion.

Wortform:
„Einer rationalen Zahl wird die Hälfte ihres Wertes zugeordnet."

Wertetabelle

x	−1	0	1	2
y	−0,5	0	0,5	1

Graph mit Funktionsgleichung

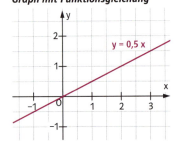

Zuordnungsvorschrift:
f: x ↦ 0,5 · x

Funktionsterm:
f(x) = 0,5 · x   (lies: „f von x")

5 Notiere Tabellen, Graphen und gegebenenfalls den Funktionsterm zu den Zuordnungen aus Aufgabe 4.

L Den Begriff der Funktion verstehen. Verschiedene Darstellungen von Funktionen ineinander überführen.

Funktionstypen

6

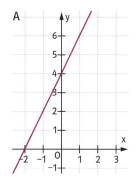  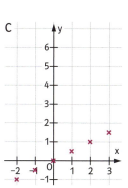 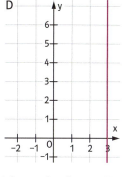 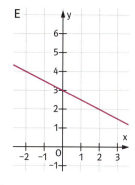

> Der Funktionsterm einer linearen Funktion f hat die allgemeine Form $f(x) = mx + b$

 Kontrolliere die Lösungen von Aufgabe 7 mithilfe des GTR.

a. Bei welchem der Graphen handelt es sich um eine lineare Funktion?
b. Gib gegebenenfalls die Funktionsterme an.

7 Notiere je einen Term einer linearen Funktion, deren Graph
a. ... parallel zur x-Achse und durch den Punkt (−3|1) verläuft.
b. ... die y-Achse im Punkt Q(0|−1) schneidet.
c. ... deren Graph von „links oben nach rechts unten" und durch R(1|1) verläuft.
d. ... deren Graph die x-Achse im Punkt Q(3|0) schneidet.

8 Wo handelt es sich um eine proportionale, wo um eine antiproportionale Zuordnung?
a. Anzahl verschiedener übereinander gestapelter Bücher ↦ Höhe des Stapels.
b. Anzahl der Besucher, die ein Museum besuchen ↦ verkaufte Eintrittskarten.
c. Anzahl Meerschweinchen ↦ Anzahl der Tage, für die 1 kg Futter reicht.
d. Anzahl Tintenpatronen ↦ Anzahl geschriebener Seiten.

9 Wahr oder falsch? Begründe.
a. Tarek sagt: „Wenn ein Graph eine Gerade ist, dann ist es ein Graph einer linearen Funktion."
b. Mika bemerkt: „Jede proportionale Funktion ist eine lineare Funktion. Aber umgekehrt stimmt das nicht!"

Punktprobe

> Alle Punkte (x|y), die die Funktionsgleichung $y = f(x)$ erfüllen, liegen auf dem Graphen der Funktion f.

10 Betrachte die Funktion f: $x \mapsto 2 \cdot x^2 - 1$.
a. Liegen folgende Punkte auf dem Graphen der Funktion f?
A(1|1), B(−1|−1), C(3|17), D($\sqrt{2}$|3), E(2|9), F(1,5|3,5)
b. Welche Zahl musst du für b einsetzen, damit der Punkt P(−7|b) auf dem Graphen von f liegt?
c. Welche Zahl musst du für a einsetzen, damit der Punkt Q(a|5) auf dem Graphen von f liegt.
d. Zeichne den Graphen der Funktion f mithilfe des GTR. Zeichne alle Punkte von a. bis c. in das Koordinatensystem ein.

Darstellungen ineinander umwandeln

Aufgabe 11 könnt ihr auch in der Gruppe als „Stille Post" spielen.

11 Denke dir eine Funktion und notiere sie entweder in Wortform, mithilfe einer Wertetabelle, als Graph oder als Funktionsterm. Bitte einen Mitschüler bzw. eine Mitschülerin die anderen Darstellungen anzugeben.

▶ *Ergänzende Aufgaben ab Seite 91*

16 Handytarife

Es gibt viele verschiedene Handy-Tarife, mit festem Vertrag oder Prepaidkarte. Welcher Tarif ist der günstigste?

blue	blue standard	Mobile Flat (200 SMS free!)	Mobile Flat
Grundgebühr ohne Handy	0 €	20 €	16 €
Preis pro Minute ins deutsche Festnetz und zu blue	0,15 €	0 €	0 €
Preis pro Minute in andere Mobilfunknetze	0,15 €	0,29 €	0,23 €
Preis pro SMS	0,15 €	0,19 €	0,15 €
Mobiles Surfen	0,09 € pro Minute	0,09 € pro Minute	0,07 € pro Minute
Taktung	60/60	60/60	60/60
Mailboxabfrage	0,15 €	0 €	0 €
Im Grundpreis enthalten	–	200 SMS	–

Tel-Okay	Time and More	Spezial	Prepaid
Grundgebühr ohne Handy	10 €	5 €	– (Preise gelten nur ab Aufladung von 20 €)
Preis pro Minute ins deutsche Festnetz und zu Tel-Okay	0,29 €	0,10 €	0,10 €
Preis pro Minute in andere Mobilfunknetze	0,29 €	0,10 €	0,10 €
Preis pro SMS	0,29 €	0,10 €	0,20 €
Mobiles Surfen	0,06 € pro angefangene 10 kB	0,06 € pro angefangene 10 kB	0,19 € pro angefangene 100 kB
Taktung	60/60	60/60	60/30
Mailboxabfrage	0,29 €	0,10 €	0,10 €
Im Grundpreis enthalten	150 Minuten oder SMS	–	25 SMS

Mobil+	Mobil Standard	MAXX	Mobil Prepaid
Grundgebühr ohne Handy	19,99 €	9,95 €	–
Preis pro Minute ins Festnetz und zu Mobil+	0 €	0,29 €	0,19 € (zu Mobil+: 0,05 €)
Preis pro Minute in andere Mobilfunknetze	0,29 €	0,29 €	0,19 €
Preis pro SMS	0,19 € (zu Mobil+ kostenlos)	0,19 €	0,19 € (zu Mobil+: 0,05 €)
Mobiles Surfen	Tarif zubuchbar	Tarif zubuchbar	0,09 € pro Minute
Taktung	60/1	60/1	60/60
Mailboxabfrage	0 €	0 €	0,05 €
Im Grundpreis enthalten	SMS zu Mobil+	60 Minuten	–

1 Die Ausgaben für mobiles Telefonieren steigen seit Jahren an, obwohl Telefonieren mit dem Handy immer billiger wird. Im Durchschnitt gaben Jugendliche 2011 pro Monat 13 Euro dafür aus. Der „Tarifdschungel" der Anbieter ist schwer zu überblicken.

a. Erkläre den Begriff „Tarifdschungel". Was bedeutet 60/60 oder 60/1?

b. Nimm an, du hast pro Monat ca. 10 € für dein Handy zur Verfügung. Für welchen Tarif würdest du dich entscheiden? Begründe deine Entscheidung.

c. Berechne für jedes Angebot die monatlichen Kosten, wenn du pro Monat ca. 20 Minuten telefonierst (15 Minuten eigenes Netz oder Festnetz und 5 Minuten fremde Netze) und ca. 100 SMS versendest.

d. Vergleiche deine Ergebnisse aus Teilaufgabe c. mit deiner Wahl aus Teilaufgabe b.

e. Erstelle mithilfe der Tabellenkalkulation einen Vergleichsrechner für eigenes Netz, fremdes Netz und SMS.

L *Realsituationen in mathematische Modelle übersetzen; Grenzen der Modellierung begründen; mathematischen Modellen passende Realsituationen zuordnen.*

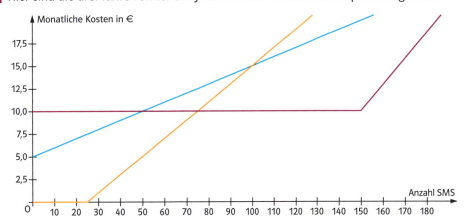

2 Hier sind die drei Tarife von Tel-Okay für den SMS-Versand als Graphen dargestellt.

a. Welcher Graph gehört zu welchem Tarif? Gib für jeden Graphen eine Zuordnugsvorschrift an.
b. Wann ist unter diesen Bedingungen welcher Tarif am günstigsten?
c. Durch die grafische Darstellung der drei Tarife fällt der Kostenvergleich deutlich leichter. Daher erfüllt die Grafik ihren Zweck, obwohl sie mathematisch streng genommen nicht korrekt ist. Begründe.

3 Zeichne entsprechende Graphen zu den Tarifen von blue.

4 Die folgenden drei Schaubilder veranschaulichen die typische Kostenentwicklung beim Telefonieren.
a. Beschreibe für jede Grafik das zugrundeliegende Tarifmodell.
b. Ordne die Tarife von blue, Tel-Okay und Mobil+ den Schaubildern zu.
c. Ordne sofern möglich auch die SMS-Kosten den Schaubildern zu.

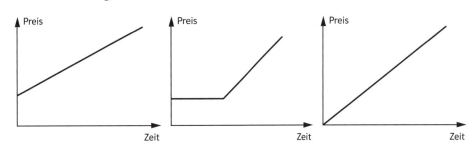

5 Auch andere Tarifmodelle sind denkbar. Wie sehen die Tarife zu folgenden Graphen aus?

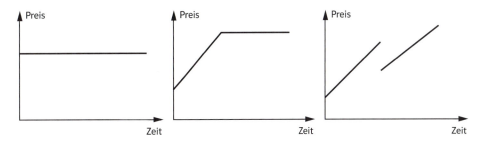

6 Gib einen weiteren Handy- oder Telefon-Tarif an. Frage z. B. im Familien- oder Freundeskreis nach oder informiere dich woanders. Stelle diesen Tarif grafisch dar.

▶ *Ergänzende Aufgaben ab Seite 92*

17 Gleichungssysteme

Boxen knacken für Fortgeschrittene

Regeln für Boxenanordnungen:
1. Auf beiden Seiten des Gleichheitszeichens liegen gleich viele Hölzchen.
2. In Boxen gleicher Farbe liegen gleich viele Hölzchen.

Boxen knacken

1
a. Wie lautet die zugehörige Gleichung? Knack die Box.

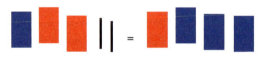

b. „In zwei blauen Boxen und zwei roten Boxen sind zwei Hölzchen mehr als in drei roten Boxen und einer blauen."
Zeichne die Boxenanordnung und knacke sie.

2 Jetzt müssen beide Boxenanordnungen gleichzeitig erfüllt werden. Man nennt dies ein System.

a. Notiere zu den Systemen **A** und **B** jeweils die Wortform und übersetze die Boxenanordnungen in Gleichungen.

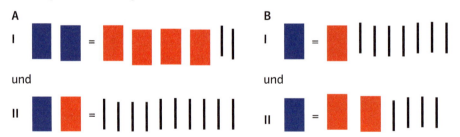

b. Löse eines der beiden Systeme. Welches hast du gewählt? Warum?

Gleichungssysteme lösen

3
a. Löse die folgenden Gleichungssysteme ohne Hilfsmittel – auch ohne Notizen, nur durch genaues Hinschauen – im Kopf.

A I $4x - 3y = 16$ B I $x - y = 0$
   II $3y = 12$ II $3x + 4y = 35$

C I $4x + 3y = 6$ D I $x + y = 32$
   II $x + y = 0$ II $x - y = 6$

b. Überlege nochmals und notiere, wie du die Systeme „geknackt" hast.
c. Stimmt es, dass du auf irgendeine Weise aus den beiden Gleichungen eine Gleichung mit einer einzigen Unbekannten gemacht hast? Erkläre.

> Mehrere Gleichungen mit mehreren Unbekannten, die gleichzeitig erfüllt werden müssen, bezeichnet man als **Gleichungssystem**.
>
> Gleichungen wie $5x + 2y = 8$ oder $y = 2x - 3$ nennt man **lineare Gleichungen** mit zwei Variablen. Ein Gleichungssystem mit linearen Gleichungen bezeichnet man als **lineares Gleichungssystem**.

L *Lineare Gleichungssysteme systematisch lösen.*

Lösungsverfahren

4 Die verschiedenen Lösungsverfahren für Gleichungssysteme heißen: Additionsverfahren, Einsetzungsverfahren, Gleichsetzungsverfahren und grafisches Lösen.

Alexander, André, Julia und Lena lösen folgende Gleichungssysteme mit verschiedenen Verfahren.

A I $y = 2x - 3$
II $y = -3x + 7$

B I $y + 3x = 6$
II $x = 4y - 11$

C I $x - 2y = 4$
II $5x + 2y = 8$

Lena löst das Gleichungssystem A:

I $y = 2x - 3$
II $y = -3x + 7$

$2x - 3 = -3x + 7$ | $+3x$
$5x - 3 = 7$ | $+3$
$5x = 10$ | $:5$
$x = 2$

in I: $y = 2 \cdot 2 - 3 = 1$
Lösung: $x = 2;\ y = 1$

André löst das Gleichungssystem C:

I $x - 2y = 4$
II $5x + 2y = 8$

I + II: $6x = 12$ | $:6$
$x = 2$
in II: $5 \cdot 2 + 2y = 8$ | -10
$2y = -2$ | $:2$
$y = -1$
Lösung: $x = 2;\ y = -1$

Alexander löst das Gleichungssystem A:

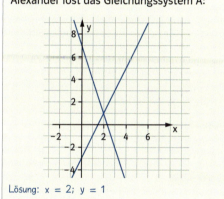

Lösung: $x = 2;\ y = 1$

Julia löst das Gleichungssystem B:

I $y + 3x = 6$
II $x = 4y - 11$

II in I: $y + 3 \cdot (4y - 11) = 6$ | TU
$y + 12y - 33 = 6$ | TU; $+33$
$13y = 39$ | $:13$
$y = 3$
in II: $x = 4 \cdot 3 - 11 = 1$
Lösung: $x = 1;\ y = 3$

„Termumformung" kann man mit „TU" abkürzen.

Um ein Gleichungssystem grafisch zu lösen kann man auch einen Funktionsplotter oder einen GTR benutzen.

Online-Link
700581-1701
Gleichungssysteme grafisch lösen in GEONExT

a. Wer löst auf welche Art? Erkläre die Lösungsverfahren.
b. Überprüfe die Lösungen durch Einsetzen.

A I $x + y = 1$
II $3y + 3x = 6$

B I $12x + 15y = 3$
II $4x + 5y = 1$

5 Gegeben sind die beiden Gleichungssysteme auf dem Rand.
a. Löse die beiden Gleichungssysteme grafisch und rechnerisch.
b. Beschreibe und erkläre deine Beobachtung.
c. Formuliere die drei Fälle, die beim Lösen von linearen Gleichungssystemen auftreten können, und gib jeweils ein weiteres Beispiel an.

6 Forme die Gleichungen des Gleichungssystems so um, dass du das Additionsverfahren anwenden kannst, und löse es. Beschreibe deinen Lösungsweg.
I $3x + 4y = 21$
II $2x + 2y = 12$

7 Laura möchte Gleichungssysteme mit dem Additionsverfahren lösen. Erfinde drei Gleichungssysteme, die sich leicht mit dem Additionsverfahren lösen lassen.

Ergänzende Aufgaben ab Seite 93   *T3 Teste dich selbst auf Seite 94*

18 Aus dem Leben Pythagoras

Ein wichtiger geometrischer Satz wurde nach einem Griechen namens Pythagoras benannt. Auch der Ausspruch „Alles ist Zahl" wird ihm zugeschrieben. Wer war aber dieser mysteriöse Pythagoras?

Pythagoras war eine einflussreiche und zugleich geheimnisumwitterte Persönlichkeit. Über Leben und Werk gibt es keine Informationen aus erster Hand. Es existieren viele Mythen und Legenden. Pythagoras wurde um 570 v. Chr. auf der griechischen Insel Samos geboren. Als Erwachsener ging er auf Reisen und sammelte mathematische Kenntnisse. Viele mathematische Methoden und Kniffe lernte er in Ägypten und Babylonien kennen. Er eignete sich während etwa zwanzig Jahren fast das gesamte damals bekannte mathematische Wissen an.

Nach seiner Rückkehr auf Samos wollte er eine Schule für Philosophie gründen. Philosophie ist eine Wissenschaft, die sich mit grundlegenden Fragen der Menschheit befasst. Noch heute sind wichtige philosophische Fragen „Woher kommen wir?", „Wer sind wir?" und „Wohin gehen wir?". Pythagoras wollte an dieser Schule zusammen mit seinen Schülern neue philosophische Gedanken und mathematische Ideen entwickeln. Während seiner Abwesenheit kam auf Samos der Tyrann und Seeräuber Polykrates an die Macht. Er war sehr intolerant und wollte nichts wissen von den gesellschaftlichen Reformideen des Pythagoras. Polykrates wollte ihn zum Schweigen bringen. Aus diesem Grund wanderte Pythagoras um 530 v. Chr. nach Kroton aus, das im heutigen Italien liegt.

In Kroton konnte er mithilfe des reichsten Bürgers seine Schule gründen. Dort beschäftigte man sich mit religiösen, wissenschaftlichen, politischen und ethischen Fragen. Seine Anhänger lebten nach strengen Vorschriften wie in einer Sekte. Sie galten als eine Art Hippies der Antike, die Geschlechter waren gleichberechtigt. Sie glaubten an die Unsterblichkeit der Seele und an die Seelenwanderung.
Ein besonderes Interesse hatten sie auch für philosophische Aspekte der Mathematik. Die Pythagoreer nahmen zum Beispiel an, man könne das ganze Universum mithilfe von Zahlen und einfachen Zahlenverhältnissen erklären. Sie glaubten, dass man durch das Verständnis der Zahlenbeziehungen die Geheimnisse des Universums aufdecken und den Göttern näher kommen könne. Sie legten besonderes Augenmerk auf die natürlichen Zahlen und auf besondere Zahlenverhältnisse.

Phythagoras heiratete als alter Mann Theano, eine Lehrerin seiner Schule. Sie befasste sich mit den damaligen Vorstellungen über das Weltall. Als bei einer Rebellion gegen die Gemeinschaft Pythagoras ums Leben kam, wurde Theano neues Oberhaupt der nun zerstreuten Gemeinschaft. Man vermutet, dass sie die mathematischen, physikalischen und medizinischen Abhandlungen von Pythagoras aufgezeichnet hat. Zusammen mit zwei Töchtern verbreitete sie das Gedankengut der Pythagoreer in ganz Griechenland und bis nach Ägypten.

Das Leben des Pythagoras kennenlernen. Zahlbeziehungen untersuchen.

Die Untersuchungen von Pythagoras über Zahlenbeziehungen in Natur, Musik und Astronomie haben Auswirkungen bis in die heutige Zeit.

Zahlbeziehungen in der Musik

1 Töne können zum Beispiel erzeugt werden, wenn man eine Saite über zwei Auflagepunkte spannt und anschlägt. Das Anschlagen erzeugt auf der Saite Schwingungen, welche sich auf die Luft und unser Ohr übertragen. Pythagoras hat mit einem einsaitigen Instrument (Monochord, mono = eins, chord = Saite) experimentiert. Mehrere gleichgestimmte Saiten nebeneinander (Polychord) ermöglichen ihm, Zahlenverhältnisse (Proportionen) hör- und sichtbar zu machen. Wird eine Saitenlänge verkürzt, wird der Ton höher. Pythagoras hat unter anderem folgende Verhältnisse gefunden:

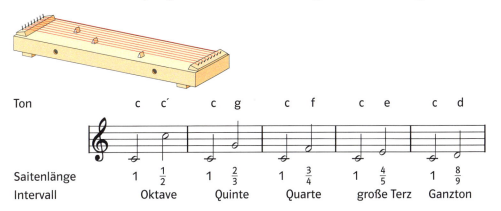

Ton	c	c′	c	g	c	f	c	e	c	d
Saitenlänge	1	$\tfrac{1}{2}$	1	$\tfrac{2}{3}$	1	$\tfrac{3}{4}$	1	$\tfrac{4}{5}$	1	$\tfrac{8}{9}$
Intervall		Oktave		Quinte		Quarte		große Terz		Ganzton

Man kann diese und weitere Verhältnisse auf einem Polychord gut nachvollziehen. So kann man beispielsweise die Hälfte einer Saitenlänge auf den Millimeter genau über das Gehör bestimmen.

Zahlbeziehungen in der Arithmetik

2 Die Pythagoreer studierten auch die Mathematik. Sie untersuchten unter anderem Zahlen, bei denen die Summe ihrer Teiler die Zahl selbst ergibt. Diese Zahlen nennt man vollkommene Zahlen.
Beispiel: 6 hat die echten Teiler 1, 2, 3. Die Summe: 1 + 2 + 3 = 6.
a. Prüfe, ob 6 die kleinste vollkommene Zahl ist.
b. Zeige, dass 28 eine vollkommene Zahl ist.
c. Begründe, warum man bei der Suche nach Teilern einer Zahl nur bis zur Hälfte dieser Zahl suchen muss.
d. Es gibt eine weitere vollkommene Zahl zwischen 495 und 500. Finde sie.
e. Recherchiere, wie viele vollkommene Zahlen zurzeit bekannt sind und wie viele Stellen die größte davon hat.

Zahlbeziehungen in der Geometrie

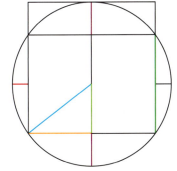

3 Zeichnet im Heft oder mit der DGS zunächst ein Quadrat mit der Seitenlänge 8 cm. Zeichnet dann wie im Bild einen Kreis mit dem Radius 5 cm, der durch zwei Ecken des Quadrats geht und eine Seite berührt. Dann lassen sich ganzzahlige Streckenlängen finden. Wie viele kannst du entdecken?

19 Pythagoras-Parkette

Schon lange vor Pythagoras haben die Babylonier einen Zusammenhang zwischen den verschiedenen Seitenlängen eines rechtwinkligen Dreiecks entdeckt und zur Konstruktion von rechten Winkeln verwendet.
Pythagoras und seine Schüler sind aber möglicherweise die ersten, die diesen Zusammenhang bewiesen haben.

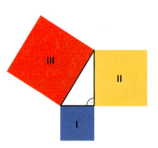

1
a. Stelle aus kariertem Papier Quadrate mit den Seitenlängen 3, 4, 5, 6, …, 16, 17 her.
b. Lege je drei Quadrate so aneinander, dass sie sich in den Ecken berühren und ein Dreieck einschließen. Mit welchen Quadraten entsteht ein rechtwinkliges Dreieck? Notiere mehrere Möglichkeiten.
c. Bei welchen Fällen aus b. ist die Fläche des größten Quadrates gleich groß wie die Summe der beiden anderen Quadratflächen?
d. Zeichne mindestens zwei rechtwinklige Dreiecke, so dass die Fläche des Quadrates III genau so groß ist wie die Flächen der Quadrate I und II zusammen.

2 Schneide zwei gleich große Quadrate aus. Zerlege sie so, dass sie sich zu einem einzigen Quadrat zusammenlegen lassen.

3
a. Stelle aus zwei verschiedenen Quadrattypen ein solches Parkett her. Du kannst die Quadrate aus verschiedenen Papieren ausschneiden oder auf kariertes Papier zeichnen.
b. Zeichne über dein Parkett auch ein Quadratgitter wie rechts.

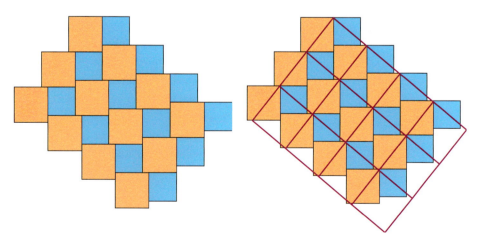

c. Suche nach Gesetzmäßigkeiten zwischen den drei Quadrattypen im Parkett.
d. Begründe die Gesetzmäßigkeiten mithilfe des Musters.

L *Den Satz des Pythagoras entdecken und verstehen.*

4 Erkläre die Gesetzmäßigkeit auch an diesem Ausschnitt des Parketts.

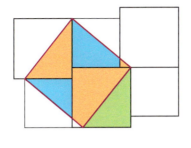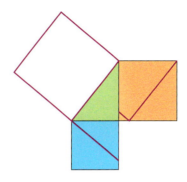

5 Erkläre die Gesetzmäßigkeit auch an diesem Parkett.

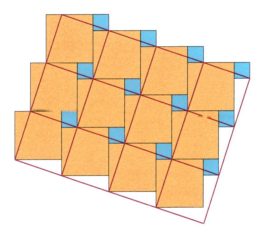

> **Bezeichnungen im rechtwinkligen Dreieck:**
> Die Seite, die dem rechten Winkel gegenüberliegt, heißt **Hypotenuse**.
> Die beiden Schenkel des rechten Winkels heißen **Katheten**.
>
>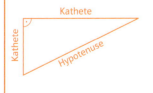

6
a. Formuliere den Satz des Pythagoras in Worten. Verwende nebenstehende Begriffe.
b. Beweise den Satz mithilfe deiner Überlegungen bei Aufgabe 3 bis 5.

7 Die Babylonier und Ägypter haben Knotenschnüre zur Konstruktion von rechten Winkeln verwendet. Dabei hatten die Knoten immer den gleichen Abstand voneinander.
a. Erkläre am Beispiel unten, wie das Verfahren funktioniert.
b. Suche weitere Knotenzahlen, für die es funktioniert.

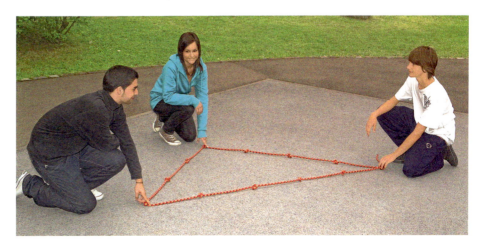

▶ *Ergänzende Aufgaben ab Seite 95*

20 Rekordverdächtige Geschwindigkeit

In bestimmten Situationen sind hohe Geschwindigkeiten erwünscht.
Es gibt jedoch Situationen, in denen hohe Geschwindigkeiten gefährlich sind oder sogar Leben bedrohen können.

1 Knoten ≈ 1,852 km/h

1 mph (Miles per hour) ≈ 1,609 km/h

Windstärke 12 auf der Beaufort-Skala entspricht 118 km/h und mehr.

1 Gib Beispiele an, in denen hohe Geschwindigkeiten …
a. … nützlich oder erwünscht sind.
b. … gefährlich oder lebensbedrohend sind.
c. Wie hoch sind die Geschwindigkeiten in deinen Beispielen? Schätze!

2 Geschwindigkeiten können unterschiedlich beschrieben werden:
- Orkan Lothar fegte im Dezember 1999 mit Windstärke 12 über Deutschland hinweg.
- In Deutschland wurden schon Tornados der Stärke F 4 registriert, bei denen Windgeschwindigkeiten zwischen 180 und 226 Knoten auftreten.
- Hurrikan Bill kam 2009 in der Karibik auf Spitzengeschwindigkeiten von 115 mph!

a. Wandle die genannten Werte in andere Geschwindigkeitsangaben um.
b. Suche im Internet weitere Angaben, in denen Geschwindigkeiten umgewandelt werden können. Erstelle daraus ähnliche Aufgaben, die ihr dann in der Klasse austauscht.

3 Auf den Texten unten und auf der rechten Seite sind die Geschwindigkeiten von Naturphänomenen beschrieben.
a. Sortiere die Phänomene von der niedrigsten bis zur höchsten Geschwindigkeit.
b. Vergleiche mit Geschwindigkeiten im Alltag, z. B. Spaziergang, Fahrt mit dem Fahrrad, Fahrt mit dem Auto innerorts und auf der Autobahn; Flug mit einem Flugzeug oder einem Heißluftballon; das Fallen von Schnee, von Regen, von Hagel; Schreibgeschwindigkeit …

Der Hurrikan Katrina gehört zu den stärksten tropischen Wirbelstürmen, die jemals beobachtet wurden. Er fegte im August 2005 über die amerikanische Golfküste und entfaltete Windgeschwindigkeiten bis zu 175 mph. Die damit einhergehende Sturmflut ließ New Orleans im Wasser versinken. Es starben mehr als 1800 Menschen. Die entstandenen Schäden belaufen sich auf 600 Milliarden Dollar.

Das Königreich Tonga liegt auf einer Inselgruppe im Süden des Stillen Ozeans und hat rund 100 000 Einwohner. Die Inselgruppe bewegt sich jedes Jahr um 10 cm in Richtung Samoa. Dies ist die größte Landbewegung, die auf der Erde stattfindet.

Weltrekord
Die höchsten Windgeschwindigkeiten, die je gemessen wurden, gab es auf dem Mount Washington. Am 12.04.1934 fegte ein Sturm mit 372 km/h über den Berg, dies wurde von der dort ansässigen meteorologischen Forschungsstation aufgezeichnet.

L *Informationen aus Texten entnehmen. Geschwindigkeiten beschreiben, berechnen und vergleichen.*

Der Jakobshavn-Gletscher in Grönland ist der sich am schnellsten bewegende Gletscher der Erde. Sein Eis bewegt sich mit einer Fließgeschwindigkeit von 40 m pro Tag in Richtung Polarmeer. Gleichzeitig wird die Ausdehnung des Gletschers Richtung Polarmeer durch abschmelzendes Eis immer geringer.

Bis Ende des letzten Jahrhunderts wies der Gletscher noch eine Fließgeschwindigkeit von ca. 20 m pro Tag auf. Vier Prozent des gestiegenen Meeresspiegels wird durch das abschmelzende Eis dieses Gletschers verursacht.

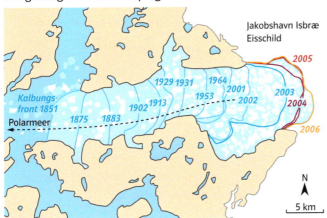

Am 18.01.2007 traf der Orkan Kyrill mit voller Wucht West- und Mitteleuropa, es wurden Spitzenwerte in Böen von über 100 Knoten gemessen.
Es herrschten chaotische Verhältnisse: Der Zugverkehr wurde eingestellt, es kam zu Stromausfällen, die Schulen wurden vorübergehend geschlossen. Allein in Deutschland kamen 13 Menschen ums Leben. Es gab große Waldschäden.

Der Vulkan Nyirogongo (Kongo) ist einer der aktivsten Vulkane Afrikas. Am 10.01.1977 brach der 3470 m hohe Vulkan an mehreren Stellen aus. Einer der Lavaströme kam dabei nach 45 Minuten und einer zurückgelegten Strecke von 21 km kurz vor dem Flughafen in Goma zum Stillstand. Dabei starben mehr als 700 Menschen. Bei einem Ausbruch im Januar 2002 wurde die Hälfte der Stadt Goma zerstört.

Auf dem Racetrack Playa im Death Valley bewegen sich größere und kleinere Steine ohne sichtbare Einwirkung. Anhand von Beobachtungen stellte man fest, dass einige von ihnen mit einer Geschwindigkeit von mehr als 1 m pro Sekunde unterwegs gewesen sein müssen. Eine gesicherte Erklärung für das Phänomen gibt es bisher nicht.

Ergänzende Aufgaben ab Seite 97   *Training auf Seite 72*

21 Grundfläche · Höhe

Gerade oder schief – wie ändert sich das Volumen?

Mantelflächen herstellen

1 Aus einem DIN-A4-Blatt kann man Mantelflächen ganz unterschiedlicher Körper formen und kleben. Betrachtet man eine Mantelfläche, kann man sich die dazugehörende Grund- und Deckfläche und den entsprechenden Körper vorstellen.

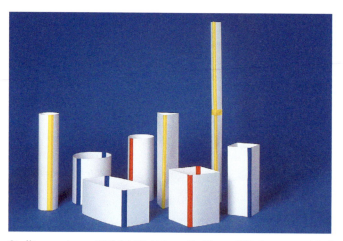

> Die Volumenformel für Prismen und Zylinder lautet:
> Volumen ist Grundfläche mal Körperhöhe:
> $V = G \cdot h$

a. Stellt aus einem DIN-A4-Blatt jeweils Mantelflächen verschiedener solcher Körper her.
b. Erstellt eine Tabelle für eure Körper (A, B, C …).

	Höhe (cm)	Grundfläche (cm²)	Oberfläche (cm²)	Volumen (cm³)
A				
…				

c. Welcher eurer Körper hat das größte, welcher das kleinste Volumen? Vergleicht die Form.
d. Stellt aus einem DIN-A4-Blatt je eine Mantelfläche zu einem Körper mit möglichst großem und möglichst kleinem Volumen her.

Oberflächen optimieren

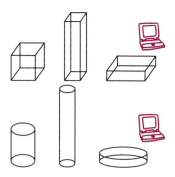

2 Ein Quader mit quadratischer Grundfläche soll ein Volumen von einem Liter aufweisen.
a. Berechnet die Längen möglicher Grundkanten und Höhen und Oberflächen solcher Quader. Stellt die Ergebnisse übersichtlich dar.
b. Welcher Quader hat die kleinste Oberfläche?

3 Ein Zylinder soll ein Volumen von einem Liter aufweisen $(1\,l = 1\,dm^3)$.
a. Berechnet mögliche Radien und Höhen solcher Zylinder. Stellt die Ergebnisse dar.
b. Welcher Zylinder hat die kleinste Oberfläche?

L *Oberflächen und Volumen von Prismen und Zylindern berechnen.*

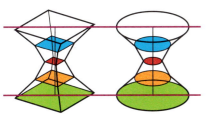

Online-Link
700581-2101
Kopiervorlage

Volumen berechnen

Der italienische Mathematiker Bonaventura Cavalieri (etwa 1598 bis 1647) hat das folgende Prinzip entdeckt: Zwei Körper, die auf gleicher Höhe geschnitten immer die gleiche Fläche haben, besitzen gleiches Volumen. Mit dem Prinzip von Cavalieri lassen sich auch die Volumen von schiefen Prismen und schiefen Zylindern berechnen.

4 Bei allen unten abgebildeten Körpern kann man das Volumen mit der Volumenformel berechnen. Die Schwierigkeit besteht manchmal darin, die Grundfläche zu sehen.
a. Färbe auf der Kopiervorlage bei allen Körpern eine geeignete Grundfläche.
b. Wähle einen Körper mit rechteckiger, dreieckiger, sechseckiger und runder Grundfläche aus und berechne sein Volumen mit s = 6 cm.
c. Beschreibe das Volumen der in a. gewählten Körper mit einem Term.
d. Berechne das Volumen eines schiefen Körpers.

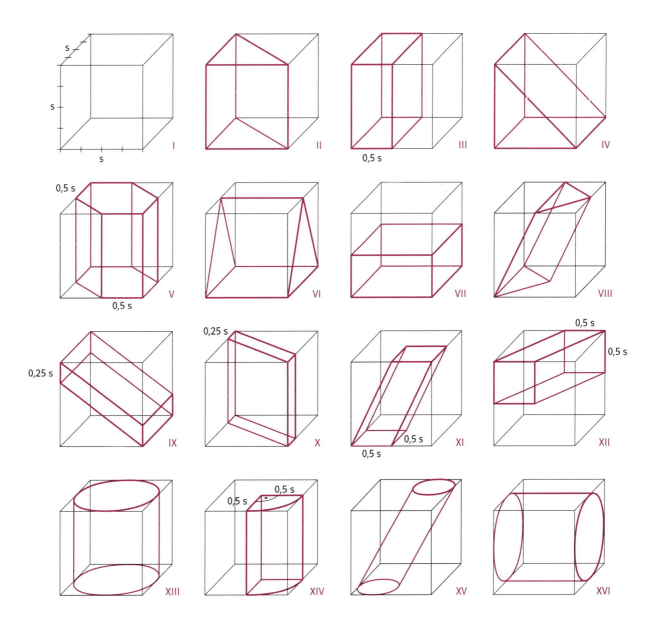

▶ *Ergänzende Aufgaben ab Seite 99*

22 Der Altar von Delos

Auf der Insel Delos brach um etwa 430 v. Chr. eine Pestepidemie aus. Der Legende nach suchten die Bewohner Hilfe bei dem Orakel von Delphi. Dieses prophezeite: „Die Seuche wird verschwinden, wenn ihr den würfelförmigen Altar des Gottes Apollon in seinem Volumen verdoppeln könnt, ohne seine Form zu verändern." Die Delier sandten nach den besten Mathematikern ihrer Zeit, doch auch diese konnten durch Konstruktion mit Zirkel und Lineal die gesuchte Seitenlänge nicht bestimmen. Seit im 9. Jahrhundert in der arabischen Welt die Gleichungslehre entwickelt wurde, können solche geometrischen Probleme mit Hilfe von Gleichungen gelöst werden.

Oberfläche verdoppeln

Aus einem Würfel soll ein Quader hergestellt werden. Der Quader soll die gleiche Grundfläche wie der Würfel besitzen. Die Oberfläche des Quaders soll doppelt so groß sein wie die Oberfläche des Würfels. Wie hoch muss der Quader sein?

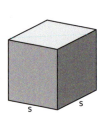 

1 Hier siehst du vier verschiedene Lösungswege zu diesem Problem. Vergleiche sie. Erklärt euch gegenseitig die unterschiedlichen Vorgehensweisen. Welcher Weg erscheint dir am einfachsten? Begründe.

A Wir gehen von einem bestimmten Würfel aus.
Kantenlänge (s)   Oberfläche (O)
$s = 3\,cm$ $O = 54\,cm^2$
Wir experimentieren mit verschiedenen Höhen x:
Höhe (x)   Oberfläche (O')
$x_1 = 6\,cm$ $O' = 90\,cm^2$ (zu wenig)
$x_2 = 9\,cm$ $O' = 126\,cm^2$ (zu viel)
$x_3 = 8\,cm$ $O' = 114\,cm^2$ (zu viel)
$x_4 = 7\,cm$ $O' = 102\,cm^2$ (zu wenig)
$x_5 = 7{,}5\,cm$ $O' = 108\,cm^2$

B Wir gehen von einem bestimmten Würfel aus.
Kantenlänge (s)   Oberfläche (O)
$s = 3\,cm$ $O = 54\,cm^2$
Wir berechnen den Quader mit der doppelten Oberfläche:
Oberfläche (O') $O' = 108\,cm^2$
Grundfläche (G) $G = 9\,cm^2$
Mantelfläche (M) $M = 90\,cm^2$
Seitenfläche (A) $A = 22{,}5\,cm^2$
Höhe (x) $x = 7{,}5\,cm$

C Wir gehen von der Formel für die Würfeloberfläche aus:
$O = 6s^2$
Wir experimentieren mit Quadern der Höhe x:
$O' = 2s^2 + 4sx$ (Boden, Deckel, Mantel)
Höhe (x)   Oberfläche (O')
$x_1 = 2s$ $O' = 2s^2 + 4s \cdot 2s = 10s^2$ (zu wenig)
$x_2 = 3s$ $O' = 2s^2 + 4s \cdot 3s = 14s^2$ (zu viel)
$x_3 = 2{,}5s$ $O' = 2s^2 + 4s \cdot 2{,}5s = 12s^2$

D Wir gehen von der Formel für die Würfeloberfläche aus:
$O = 6s^2$
Wir berechnen den Quader mit der doppelten Oberfläche:
Oberfläche $O' = 12s^2$
              $O' = 2s^2 + 4sx$
              $O' = 2O$
$2s^2 + 4sx = 12s^2$
$4sx = 10s^2$
$x = 2{,}5s$

L *Geometrische Probleme mithilfe von Gleichungen lösen.*

Dokumentiere bei den folgenden Aufgaben ausführlich deinen Lösungsweg, wie in Aufgabe 1 dargestellt.

Oberfläche halbieren

2 In welcher Höhe muss ein Würfel geschnitten werden, damit ein Quader eine halb so große Oberfläche hat wie der ganze Würfel?

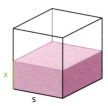

Kantenlängen verdoppeln, Kantenlängen halbieren

3 Ein Würfel wird gemäß der Abbildung zu einem Quader gestreckt.
Die Summe der Kantenlängen soll dabei verdoppelt werden. Wie hoch muss der Quader sein?

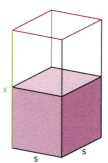

4 Und wie ist es, wenn die Gesamtlänge der Kanten halbiert werden soll?

5 Löse das „Delische Problem".

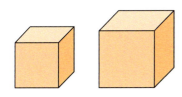

a. Begründe warum eine Seitenlänge größer als das Original, aber kleiner als doppelt so lang sein muss.
b. Wähle eine beliebige Kantenlänge und bestimme näherungsweise die zugehörige neue Kantenlänge.
c. Leider kennen wir die Maße des Altars von Delos nicht. Bestimme den Faktor, um den die Kantenlänge des neuen Altars größer sein muss als die alte.

6 Richtig oder falsch. Begründe.
a. Verdoppelt man die Seitenlängen eines Quadrats, so verdoppelt sich auch sein Flächeninhalt.
b. Verdoppelt man die Kantenlänge eines Quaders, so vergrößert sich sein Volumen auf das Achtfache.
c. Möchte man das Volumen eines Würfels auf das Neunfache vergrößern, so muss man seine Kantenlängen verdreifachen.

Ergänzende Aufgaben ab Seite 100

23 Parabeln

Wie fliegt ein Basketball? Wie weit fliegt die Kugel beim Kugelstoßen?
Mathematik kann helfen, Flugbahnen genauer zu beschreiben und zu analysieren.

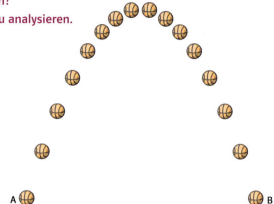

Die Flugbahn des Balls ist eine Parabel. Parabeln können mithilfe von quadratischen Funktionen beschrieben werden.

Der offizielle Spielball bei einer Herrenmannschaft hat ein Gewicht von 600 g bis 650 g. Sein Durchmesser beträgt ca. 24 cm.

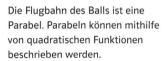
Online-Link
700581-2301
Flugbahn

1 Die Abbildung zeigt maßstabsgerecht den mit einer Stroboskop-Kamera aufgenommenen Flug eines Basketballs, der vom Punkt A aus schräg nach oben geworfen wurde. Alle 0,1 s wurde eine Aufnahme gemacht.

a. Beschreibe die Form der Flugbahn. Wie bewegt sich der Basketball in horizontaler und in vertikaler Richtung? Kannst du Gesetzmäßigkeiten entdecken? Erläutere.

b. Schätze die Wurfhöhe und die Wurfweite bis zum Punkt B ab. Wie lange ist der Ball von A nach B unterwegs?

c. Zeichne in die Kopiervorlage (Online-Link) ein Koordinatensystem ein. Lies für die einzelnen Zeitpunkte die Höhe und die Weite des Balls ab und trage sie in die Wertetabelle ein. (Höhe y in m, Weite x in m.)

d. Wie geht die Flugbahn weiter? Wo befindet sich der Ball 0,1 s nachdem er die Position B erreicht hat?

Die Normalparabel

Der Graph der **Quadratfunktion** $f(x) = x^2$ heißt **Normalparabel**. Kurven, die aus der Normalparabel durch Verschieben, Strecken, Stauchen oder Spiegeln hervorgehen, heißen **Parabeln**.

2
a. Zeichne den Graphen der Quadratfunktion $f: x \mapsto x^2$.

b. Überprüfe, welche der folgenden Punkte auf der Normalparabel liegen.
$A(0|0); B(2|4); C(0|1); D(-3|-9); E(1|-1); F(-5,5|30,5); G\left(\frac{2}{3}\bigg|\frac{4}{9}\right)$

c. Gib die Koordinaten von 3 weiteren Punkten an, die auf der Normalparabel liegen.

Verschieben, Strecken, Stauchen und Spiegeln

3
a. Zeichne die Graphen der folgenden Funktionen und beschreibe, wie sie aus der Normalparabel hervorgehen.

$g_1(x) = x^2 + 1$ $\qquad$ $g_2(x) = 2x^2$ $\qquad$ $g_3(x) = -x^2$ $\qquad$ $g_4(x) = x^2 - 3$
$g_5(x) = \frac{1}{2}x^2$ $\qquad$ $g_6(x) = (x-1)^2$ $\qquad$ $g_7(x) = (x+3)^2$

b. Gib zwei eigene Beispiele an für Funktionen, die aus der Normalparabel hervorgehen, und beschreibe.

Kontrolliere mithilfe des GTR oder eines Funktionenplotters.

4 Der Graph der Funktion g geht aus der Normalparabel hervor. Gib den Funktionsterm von g an.

a. Die Normalparabel wird um 5 Einheiten nach unten verschoben.
b. Die Normalparabel wird um 2,5 Einheiten nach links verschoben.
c. Die Normalparabel wird um den Faktor 3 in Richtung der y-Achse gestreckt.
d. Die Normalparabel wird an der x-Achse gespiegelt.
e. Die Normalparabel wird an der y-Achse gespiegelt.

L *Graphen quadratischer Funktionen zeichnen und untersuchen, aus Graphen Funktionsgleichungen ablesen.*

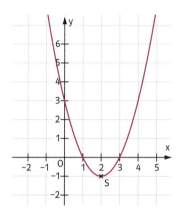

Scheitelpunkt (2|−1)

Eine Funktion, die durch eine Funktionsgleichung der Form
$y = ax^2 + bx + c$ (**Normalform**) oder $y = a(x − d)^2 + e$ (**Scheitelpunktform**) beschrieben werden kann, heißt **quadratische Funktion**.

Der Graph einer quadratischen Funktion ist eine Parabel. Ihr höchster oder tiefster Punkt heißt **Scheitelpunkt**.

Verschieben, Strecken, Stauchen und Spiegeln kombiniert

5

A $y = −2x^2$
B $y = −2x^2 + 3$
C $y = \frac{1}{2}(x − 1)^2$
D $y = −\frac{1}{2}(x − 1)^2$
E $y = (x − 1)^2 + 3$
F $y = −\frac{1}{2}(x − 1)^2 + 3$

a. Zeichne jeweils den Graphen und gib an, wie er aus der Normalparabel hervorgeht.
b. Gib die Koordinaten des Scheitelpunkts an.
c. Erfinde zwei weitere Beispiele.

6 Gib jeweils den Funktionsterm und die Koordinaten des Scheitelpunkts der Parabel an, wenn die Normalparabel …
a. … um 5 Einheiten nach rechts und um 2 Einheiten nach oben verschoben wird.
b. … um den Faktor 2 in Richtung der y-Achse gestreckt und dann um 3 Einheiten nach unten verschoben wird.
c. … um 3 Einheiten nach unten verschoben und dann um den Faktor 3 gestreckt wird.
d. … an der x-Achse gespiegelt und um den Faktor $\frac{3}{2}$ gestreckt wird.
e. … um 2 Einheiten nach links verschoben und um den Faktor 3 gestreckt wird.
f. … an der x-Achse gespiegelt, um den Faktor $\frac{1}{5}$ in Richtung der y-Achse gestaucht, um 2 Einheiten nach rechts und um 4 Einheiten nach unten verschoben wird.

7 Gib zu jedem Graphen an, wie er aus der Normalparabel hervorgeht, und gib den Funktionsterm an.

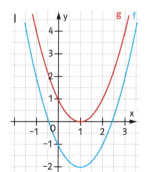
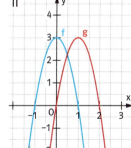
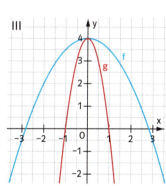

8 Verändere eine Normalparabel auf drei Arten so, dass die neue Parabel jeweils durch den Punkt P(−1|2) geht.

Flugbahn

9
a. Finde eine quadratische Funktion, deren Graph die Flugbahn des Basketballs möglichst gut beschreibt. Benutze dabei die Wertetabelle aus Aufgabe 1c.
b. Vergleiche den Graphen deiner Funktion mit der tatsächlichen Flugbahn.
c. Bestimme mithilfe der von dir gefundenen Funktion die Position des Balls nach 0,05 s; 0,25 s; 0,75 s und 1,7 s.

▶ *Ergänzende Aufgaben ab Seite 102*   T4 *Teste dich selbst auf Seite 104*

24 Quadratische Gleichungen

Die Gleichung $2x^2 - 7x + 5 = 0$ hat die Lösungen 1 und $\frac{3}{2}$, die Gleichung $2x^2 - 5x + 7 = 0$ hat keine Lösung.
Wie kann das sein?

Die abgebildeten Schachteln sind nach dem gleichen Schema gebaut: Die Grundfläche ist quadratisch. Jede Schachtel ist aus einem gelben und einem roten Papierquadrat hergestellt, bei denen je ein Quadrat der Seitenlänge b weggeschnitten wird und zwei Rechtecke hochgefaltet werden.
Im Folgenden wird nur das rote Papierquadrat betrachtet.

1 Die Seitenlänge des Papierquadrats beträgt 9 cm. Berechne die fehlenden Angaben der Tabelle (Kopiervorlage, Online-Link).

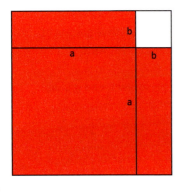

Online-Link
700581-2401
Tabelle

a	b	Grundfläche der Schachtel	Flächeninhalt der roten Fläche	Flächeninhalt des Papierquadrats	Fläche des Abfalls
8 cm					
	2 cm				
		36 cm²			
					49 cm²
			5 cm²		
					20 cm²
a	b				

2 Die Höhe einer Schachtel beträgt 1 cm, der Flächeninhalt der roten Fläche 35 cm².
a. Wie groß ist der Abfall?
b. Wie groß ist das Papierquadrat?
c. Wie lang ist die Grundseite a der Schachtel?

3 Die Höhe einer anderen Schachtel beträgt 4 cm, der Flächeninhalt der roten Fläche 100 cm². Berechne die Länge der Seite a.

4 Berechne aus der Höhe b und dem Flächeninhalt A der roten Fläche die Seitenlänge a der Schachtel

5
a. Löse die Gleichung $x^2 + 6x = 10$. Deute den Term $x^2 + 6x$ im Flächenmodell.
b. Beschreibe allgemein, wie Gleichungen des Typs $x^2 + rx = s$ gelöst werden können.

> Eine Gleichung, die man durch Äquivalenzumformungen auf die Form $ax^2 + bx + c = 0$ bringen kann, heißt **quadratische Gleichung**.
> Die Form $ax^2 + bx + c = 0$ heißt **allgemeine Form**, die Form $x^2 + px + q = 0$ heißt **Normalform** der quadratischen Gleichung.

L *Quadratische Gleichungen mithilfe verschiedener Lösungsverfahren lösen.*

> Das hier verwendete Verfahren heißt **quadratische Ergänzung**.

6 Erkläre die folgende Rechnung anhand des Flächenmodells.

$$x^2 + 10x = 7$$
$$x^2 + 10x + 25 = 33$$
$$(x + 5)^2 = 33$$
$$x + 5 = \sqrt{33} \text{ oder } x + 5 = -\sqrt{33}$$
$$x = -5 + \sqrt{33} \text{ oder } x = -5 - \sqrt{33}$$

Die Gleichung $x^2 + 10x = 7$ hat die beiden Lösungen $x_1 = -5 + \sqrt{33}$ und $x_2 = -5 - \sqrt{33}$.

7 Löse die quadratische Gleichung.
a. $x^2 = 49$
b. $x^2 = 17$
c. $x^2 + 4x = 21$
d. $x^2 = -7x + 18$
e. $x^2 + 8x + 15 = 0$
f. $7x = 18 - x^2$
g. $x^2 - 8x = -12$
h. $2x^2 - 5x - 42 = 0$
i. $-4 - 4x + 3x^2 = 0$

> Die Lösung der Gleichung in Aufgabe 8 a. heißt **pq-Formel**, die Lösung der Gleichung in b. heißt **abc-Formel**.

8 Löse die quadratische Gleichung.
a. $x^2 + px + q = 0$
b. $ax^2 + bx + c = 0$

Quadratische Gleichungen in faktorisierter Form

9 $(x - 2)(x + 7) = 0$
a. Finde zwei Lösungen der Gleichung.
b. Begründe: Die Gleichung besitzt keine weiteren Lösungen.

10 Löse wie in Aufgabe 9.
a. $x\left(x + \frac{7}{2}\right) = 0$
b. $(x - 1)(x + 3) = 0$
c. $x^2 + 7x + 12 = 0$
d. Welche der Gleichungen aus Aufgabe 6 kannst du auch geschickt durch Faktorisieren lösen?

Gleichungen grafisch lösen

11 In der Abbildung ist die quadratische Gleichung $(x - 3)^2 - 1 = 3$ grafisch dargestellt.

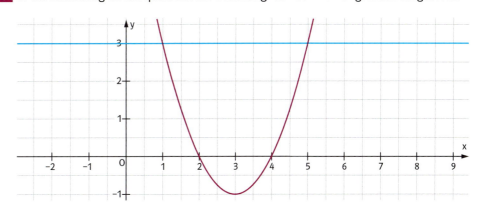

a. Erläutere den Zusammenhang zwischen Graph und Gleichung. Lies die Lösungen der Gleichung aus dem Graphen ab.
b. Überprüfe die abgelesenen Lösungen durch eine Rechnung.
c. Stelle die folgenden quadratischen Gleichungen grafisch dar und lies die Lösungen ab.
   A $(x - 3)^2 - 1 = 0$
   B $(x - 3)^2 - 1 = -1$
   C $(x - 3)^2 - 1 = -2$

12 Stelle die quadratische Gleichung grafisch dar und lies die Lösungen ab.
a. $x^2 = 2x + 3$
b. $x^2 + 6x - 7 = 0$
c. $-x^2 - 2x + 10 = 0$

▶ *Ergänzende Aufgaben ab Seite 105*   *Training auf Seite 107*

25 Heureka!

Diese Aussagen stammen von Schülerinnen und Schülern, die sich im Rahmen eines Unterrichtsprojekts regelmäßig mit Problemlöseaufgaben beschäftigt haben. Es ist wichtig, sich für solche Aufgaben Zeit zu nehmen und darüber nachzudenken. Oft helfen Skizzen und Diskussionen mit Mitschülerinnen und Mitschülern weiter.

Martin:

„Das Gute am Problemlösen ist, dass man über etwas nachdenken muss und dabei seine Ideen braucht. Die Aufgaben trainieren das Gehirn. Oft hilft es mir, wenn ich mich an ähnliche Aufgaben erinnere."

Madeleine:

„Man steht erst einmal vor dem Berg. Erst nach längerem Überlegen oder Probieren kommen Ideen und Lösungen, von denen es zum Glück meistens mehrere gibt."

1
a. Diskutiert zu zweit eines der folgenden drei „Kurzprobleme".
  A In einem Tennisturnier spielen 35 Spielerinnen. Wer ein Match verliert, scheidet aus. Wie viele Matches finden statt?
  B Zwei Rohre verschiedenen Querschnitts füllen ein Becken. Wenn nur durch das dickere Rohr Wasser einfließt, dauert der Füllvorgang zwei Stunden. Kommt nur durch das dünnere Rohr Wasser, so ist das Becken in drei Stunden voll. In welcher Zeit ist das Becken gefüllt, wenn aus beiden Rohren Wasser einfließt?
  C Um wie viel unterscheidet sich die Summe aller ungeraden zweistelligen Zahlen von der Summe aller geraden zweistelligen Zahlen?
b. Welches Problem habt ihr gewählt? Weshalb? Stellt eure Lösungen euren Mitschülerinnen und Mitschülern vor.

Inselwanderung

Beat ist ein männlicher Vorname in der Schweiz.

2 Beat berichtet: „In den letzten Herbstferien wanderte ich der Küste entlang um das Inselchen Linosa südlich von Sizilien. Ich machte mich bei Punta Calcarella im Uhrzeigersinn auf den Weg. Unterwegs begegnete ich nur einmal einem Ehepaar, das die Insel offensichtlich im Gegenuhrzeigersinn umwanderte. Das mir fremde Ehepaar traf ebenso wie ich Punkt 18:00 Uhr wieder in Punta Calcarella ein und erreichte wie ich die letzte Fähre nach Lampedusa. Wir kamen in ein Gespräch und rätselten, um welche Zeit wir uns gekreuzt hatten. Wir konnten uns jedoch nur erinnern, wann wir zur Wanderung aufgebrochen waren. Das Ehepaar, das sich mit Egger vorstellte, war um 15:00 Uhr gestartet. Ich hatte meine Wanderung um 16:00 Uhr begonnen. Eggers stellten fest, dass sie immer mit etwa der gleichen Geschwindigkeit gewandert waren. Auch ich hatte den Eindruck, dass meine Geschwindigkeit immer etwa gleich war."

Rechts sind vier Ausschnitte aus Lösungsprotokollen einer Schulklasse abgebildet. Versucht zu verstehen, was sich die Schülerinnen und Schüler überlegt haben.

3 Löst das Inselproblem unter folgenden Annahmen:
a. Beat und das Ehepaar Egger gehen in entgegengesetzter Richtung. Beat ist zwischen 15:00 Uhr und 17:00 Uhr unterwegs, das Ehepaar Egger zwischen 15:00 Uhr und 18:00 Uhr.
b. Beat und Eggers gehen in gleicher Richtung. Beat ist zwischen 15:30 Uhr und 17:30 Uhr unterwegs, das Ehepaar Egger zwischen 15:00 Uhr und 18:00 Uhr.

L *Problemlösungen verstehen und eigene Problemlösestrategien formulieren.*

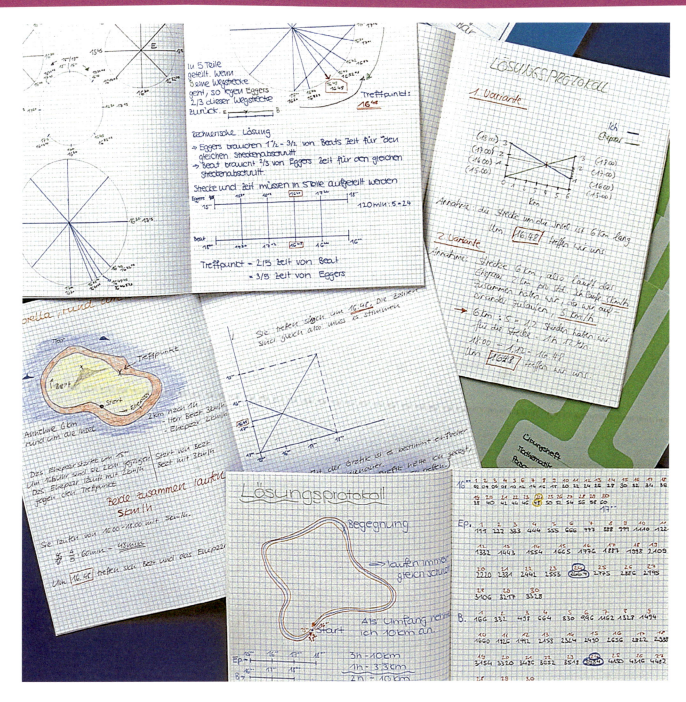

4 Bei Problemlöseaufgaben gelingt es nur selten, auf Anhieb die Lösung zu finden. Verschiedene Strategien können dir beim Problemlösen helfen. Einige findest du in den abgebildeten Schülerprotokollen.
Stellt gemeinsam eine Liste von Problemlösestrategien zusammen. Sucht geeignete Namen dafür.

Online-Link
700581-2501
Schülerlösungen

5 „Heureka!" – Was bedeutet das? Recherchiere und schreibe dazu einen Text, zum Beispiel:
- einen Beitrag für eine Schülerzeitung,
- einen Text für ein Kinderlexikon,
- eine Theaterszene,
- einen Cartoon mit Sprechblasen …

Ergänzende Aufgaben ab Seite 108

26 Funktionsfamilien

Auch Funktionen sind untereinander verwandt.
Du kannst die Verwandtschaft an den Graphen und an den Funktionstermen erkennen.

Potenzfunktionen

1

a. Skizziere mithilfe des GTRs die Graphen folgender Funktionen in dein Heft:

$y = x^3$ $y = -2x^4$ $y = -\frac{1}{3}x^5$ $y = \frac{1}{2}x^4$ $y = -x^7$

$y = x$ $y = 3x^2$ $y = -x^6$ $y = \frac{1}{4}x^2$ $y = \frac{1}{2}x^5$ $y = -2x^3$

> Funktionen mit einem Funktionsterm der Form
> $f(x) = a \cdot x^n$
> heißen **Potenzfunktionen**.
> a steht hierbei für eine reelle,
> n für eine natürliche Zahl.

b. Teile die Funktionen anhand ihrer Graphen in Gruppen ein. Begründe deine Gruppeneinteilung.

c. Vergrößere die Gruppe, indem du weitere passende Funktionsgleichungen hinzufügst.

d. Welche gemeinsamen Eigenschaften haben die Funktionsterme in den einzelnen Gruppen? Beschreibe.

2 Jeder Graph gehört zu einer Funktionsgleichung.

a. Ordne zu und begründe.

I: $y = -x^3$

II: $y = x^6$

III: $y = x^7$

IV: $y = -x^4$

V: $y = \frac{1}{2}x^4$

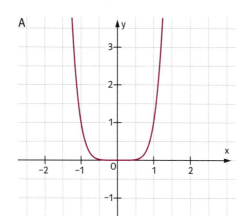
A

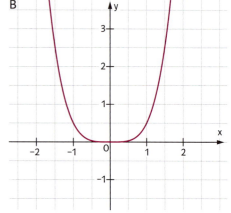
B

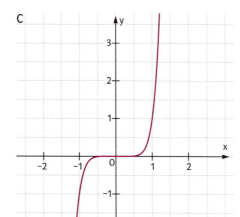
C

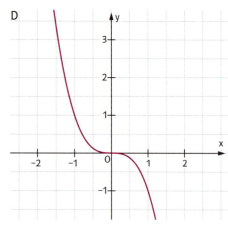
D

b. Eine Funktionsgleichung bleibt übrig. Skizziere den zugehörigen Graphen.

L *Eigenschaften der Graphen von Potenzfunktionen erarbeiten. Wirkung von Parametern untersuchen.*

Im gemeinsamen Funktionsterm der Familie $f_t(x) = \frac{1}{x} + t$ heißt t **Parameter**.

Parameter

3 Der Funktionsterm $f_t(x) = \frac{1}{x} + t$ beschreibt eine Familie von Funktionen. Für $t = 2$ erhält man die Funktion $f_2(x) = \frac{1}{x} + 2$, für $t = -\frac{3}{2}$ erhält man $f_{-\frac{3}{2}}(x) = \frac{1}{x} + \left(-\frac{3}{2}\right) = \frac{1}{x} - \frac{3}{2}$.

a. Skizziere in dein Heft die Graphen der Funktionen f_2, f_1, $f_{-1,5}$ und f_{-3} in ein gemeinsames Koordinatensystem.

b. Beschreibe, wie sich die einzelnen Graphen für die verschiedenen Werte von t unterscheiden.

c. Für welches t geht der Graph der Funktion f_t durch den Punkt $P(1|4)$?

4 Auch der Term $g_a(x) = a \cdot x^2$ beschreibt eine Familie von Funktionen.

a. Notiere die Funktionsterme von g_{-3}, $g_{-\frac{1}{2}}$, g_1 und skizziere die zugehörigen Funktionsgraphen in dein Heft.

b. Lasse in Gedanken a von -2 bis 2 laufen. Beschreibe die Graphen.

c. Zu welchem Funktionstyp gehört diese Familie?

Die Graphen der Funktionsfamilie in Aufgabe 4 kannst du mit deinem GTR ganz leicht zeichnen lassen.

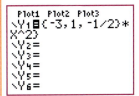

Die geschweiften Klammern wählst du über 2nd „normale Klammer" an.

5 Die linearen Funktionen bilden eine Familie: sie haben den gemeinsamen Funktionsterm $f(x) = mx + b$.

a. Wie unterscheiden sich die Funktionsgraphen für verschiedene Werte des Parameters m bei festem $b = 2$?

b. Wie wirkt sich der Parameter b auf die Graphen der Funktionen aus? Beschreibe.

6 Alle GTR-Displays zeigen Graphen von Funktionsfamilien für $-4 \leq x \leq 4$ und $-4 \leq y \leq 4$. Erzeuge mit deinem GTR die Graphen im Display.

a. 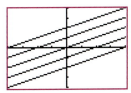 b. 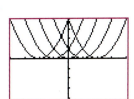 c.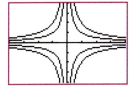

Statt mit geschweiften Klammern kannst du auch eine Liste mit den gewünschten Parametern füllen (über STAT → Edit) und die Liste als Parameter in deinen Funktionsterm einfügen.

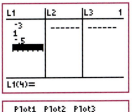

7 Erzeuge selbst Graphen von Funktionsfamilien mithilfe verschiedener Parameterwerte. Lass sie deinen Mitschüler oder deine Mitschülerin mit dem GTR nachzeichnen – ohne den Funktionsterm der Familie zu verraten.

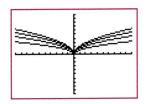

Eine Familie der Wurzelfunktion

8 Gegeben ist die Funktionenfamilie $f_a(x) = \sqrt{ax}$.

a. Notiere die Funktionsterme von f_{-1} sowie f_3.

b. Lass deinen GTR die Graphen der Funktionen f_{-4}, f_{-3}, f_{-2}, f_{-1}, f_1, f_2, f_3, f_4 zeichnen.

c. Sophie erinnert sich: „Unter der Wurzel darf keine negative Zahl stehen!" Warum zeichnet dein GTR dennoch alle Graphen, auch die der Funktionen mit negativen Parametern?

Ergänzende Aufgaben ab Seite 109

27 Sind irrationale Zahlen unvernüftig?

Zwei Bedeutungen des lateinischen Wortes „ratio" sind Verhältnis und Vernunft. Sind irrationale Zahlen unverhältnismäßige oder gar unvernünftige Zahlen?

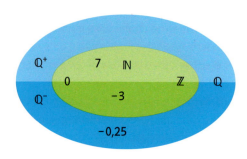

Wenn eine Zahl zu einer Zahlenmenge gehört, so schreibt man das mit dem Elementzeichen ∈.
Zum Beispiel:
5 ∈ ℕ (lies: 5 ist Element der natürlichen Zahlen)
−7 ∉ ℕ (lies: −7 ist kein Element der natürlichen Zahlen)

ℕ ist die Menge der natürlichen Zahlen,
ℤ ist die Menge der ganzen Zahlen. Sie enthält ℕ vollständig.
ℚ ist die Menge aller Brüche. Man nennt sie auch die Menge der rationalen Zahlen. Sie enthält ℤ vollständig.

1
a. Suche Brüche, die zwischen den angegebenen rationalen Zahlen liegen.
$\frac{3}{4}$ und $\frac{7}{8}$; $\frac{1}{2}$ und $\frac{8}{15}$; $\frac{1}{21}$ und $\frac{1}{22}$; $\frac{117}{467}$ und $\frac{321}{1283}$; $-\frac{3}{7}$ und $-\frac{4}{9}$; $-\frac{45}{22}$ und $-\frac{44}{21}$
b. Gib einen Bruch an, der zwischen $\frac{a}{b}$ und $\frac{c}{d}$ liegt.
c. Nenne einen Bruch, der zwischen den rationalen Zahlen q_1 und q_2 liegt.
d. Heidi behauptet, dass $\frac{2q_1 q_2}{q_1+q_2}$ stets zwischen den rationalen Zahlen q_1 und q_2 liegt. Überprüfe.

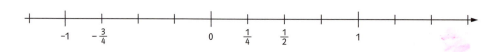

2 Wenn in einer Zahlenmenge zwischen zwei verschiedenen Zahlen dieser Menge stets eine weitere Zahl dieser Menge liegt, dann nennt man die Zahlenmenge dicht. Begründe, welche der Zahlenmengen ℕ, ℤ oder ℚ sind dicht?

3

Nicht abbrechende, nicht periodische Dezimalzahlen nennt man **irrationale Zahlen**. π ist eine irrationale Zahl.

a. Begründe, warum man jeden Bruch als endliche oder als periodische Dezimalzahl darstellen kann.
b. André konstruiert eine irrationale Zahl:
0,101 001 000 100 001 000 001 …
Ergänze weitere Dezimalstellen und begründe, warum es sich nicht um eine rationale Zahl handelt. Wo etwa findet man sie auf dem Zahlenstrahl wieder?
c. Konstruiere weitere irrationale Zahlen.
d. Die Menge, die aus allen rationalen und irrationalen Zahlen besteht, nennt man die Menge der reellen Zahlen. Zeichne ein Bild wie oben, welches diesen Zusammenhang illustriert.

ℝ ist die Menge der reellen Zahlen.

L *Rationale und irrationale Zahlen unterscheiden; indirekten Beweis führen.*

4 Wahr oder falsch? Finde Beispiele oder Gegenbeispiele.
a. Alle Differenzen von zwei natürlichen Zahlen sind natürliche Zahlen.
b. Es gibt Quotienten von zwei natürlichen Zahlen, die irrational sind.
c. Alle Quotienten von zwei rationalen Zahlen sind rationale Zahlen.
d. Alle Wurzeln aus natürlichen Zahlen sind irrationale Zahlen.
e. Es gibt irrationale Zahlen, deren 1000faches eine rationale Zahl ist.
f. Die Wurzel aus jeder Quadratzahl ist eine natürliche Zahl.
g. Das Quadrat einer irrationalen Zahl ist eine irrationale Zahl.
h. Es gibt Wurzeln aus negativen ganzen Zahlen, die rationale Zahlen sind.
i. Stellt weitere solche **E**-Behauptungen (Es gibt …) und **A**-Behauptungen (Alle … oder jede …) auf und überprüft sie gegenseitig.

5 Wahr oder falsch? Begründe.
a. Es gibt unendlich viele Zahlen zwischen 0,1 und $\frac{1}{9}$.
b. 1,8 und $\sqrt{1,8}$ liegen beide zwischen 2 und $\sqrt{2}$.
c. $(1 + \sqrt{2})$ ist eine irrationale Zahl, deren Quadrat irrational bleibt.
d. Es gibt unendlich viele irrationale Zahlen, deren Quadrat irrational bleibt.
e. Es gibt unendlich viele Zahlen, deren Wurzel grösser als die Zahl selbst ist.
f. Es gibt unendlich viele Zahlen, deren Wurzel gleich der Zahl selbst ist ($\sqrt{x} = x$).
g. Es gibt unendlich viele Zahlen, deren Wurzel kleiner als die Zahl selbst ist.

6 Eine Zahl geht auf Reisen …

Vorschrift	Zahl	Zahlenmengen	Term
Denke dir eine Primzahl	7	$\mathbb{N}, \mathbb{Z}, \mathbb{Q}, \mathbb{R}$	x
Dividiere durch 4	1,75	$\mathbb{Q}, \mathbb{R}$	$\frac{x}{4}$
Ziehe die Wurzel	1,32 …		
Addiere 1	2,32 …		
Quadriere			
Subtrahiere die Wurzel deiner Anfangszahl			
Verdopple			
Subtrahiere die Hälfte der Anfangszahl			
Ziehe die Wurzel	1,4142 …		

a. Übertrage die Tabelle ins Heft und ergänze.
b. Wähle andere Ausgangszahlen. Überprüfe, ob die Reise immer durch die gleichen Zahlenmengen geht?
c. Nimm die Reise mit einer beliebigen natürlichen Zahl in Angriff. Die Reise soll möglichst lange innerhalb der natürlichen Zahlen verlaufen.
d. Begründe, weshalb die Reise immer bei $\sqrt{2}$ endet.

7 Bei einer anderen Zahlreise entstehen Terme in dieser Reihenfolge:
x; $0,5x$; $0,25x^2$; $2x^2$; $\sqrt{2}x$; x; 0.
a. Schreibe dazu die Vorschriften und berechne die Zwischenresultate für $x = 3$.
b. Nimm die gleiche Reise mit einer beliebigen natürlichen Zahl in Angriff. Die Reise soll möglichst lange innerhalb der natürlichen Zahlen verlaufen.
c. Entwickelt „Zahlenreisen", bei denen man das Endresultat voraussagen kann.

Ergänzende Aufgaben ab Seite 110   **T5** *Teste dich selbst auf Seite 112*

28 Parkette

Ein Parkett ist eine vollständige, überlappungsfreie Überdeckung der Ebene durch Vielecke.

Online-Link
700581-2801
Figuren

1 Mit welchen der folgenden Figuren kann die Ebene parkettiert werden?

gleichseitiges Dreieck	beliebiges Dreieck
beliebiges Dreieck	reguläres Fünfeck
Quadrat	Fünfeck mit zwei parallelen Seiten
Parallelogramm	beliebiges Fünfeck
Trapez	reguläres Sechseck

a. Zeichne oder überprüfe mit den beiligenden Figuren (Kopiervorlage). Du kannst auch eine Geometriesoftware benutzen.

b. Finde selber Figuren, mit denen die Ebene parkettiert werden kann.

Reguläre Parkette

Ein Parkett heißt **regulär**, wenn die Bausteine des Parketts reguläre Vielecke sind.
Das letzte Parkett stammt aus dem 1619 erschienenen Buch „Harmonica mundi" von Johannes Kepler (1571 – 1630).

2 Welche der vier abgebildeten Parkette sind regulär?

A An jeder Ecke gibt es von jeder Vielecksorte die gleiche Anzahl.

B Jede Seite eines Vielecks ist Seite eines weiteren Vielecks. Alle Seiten sind gleich lang.

C Zu je zwei beliebigen Ecken P und Q des Parketts gibt es jeweils eine Drehung, eine Verschiebung oder eine Spiegelung, die P auf Q und das Parkett auf sich selbst abbildet.

Ein Parkett, das die Bedingungen A, B und C erfüllt und nur eine Sorte regelmäßiger Vielecke enthält, heißt **platonisch**. Falls zwei oder mehr Sorten regelmäßiger Vielecke vorkommen, heißt das Parkett **archimedisch**.

3

a. Welche der abgebildeten Parkette erfüllen alle drei Bedingungen A, B und C? Welche der Bedingungen sind eventuell verletzt?

 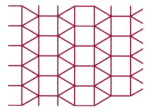 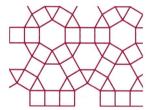

b. Beantworte die Frage auch für die Parkette oben.

4 Wie viele platonische und wie viele archimedische Parkette findest du? Skizziere.

L *Parkette untersuchen und herstellen, Kongruenzabbildungen verketten.*

Die Parkette des Roger Penrose

Alle Parkette auf der vorangehenden Seite sind periodisch:
Es lässt sich immer ein Teilstück finden, aus dem das Muster durch wiederholtes Anlegen erzeugt werden kann.
Es ist relativ einfach, nicht-periodische Parkette herzustellen. Dazu fügt man zum Beispiel in einem Parkett aus Quadraten in jedes Quadrat eine Strecke ein und wählt die Orientierung dieser Strecke völlig zufällig und chaotisch. Allerdings kann man mit den so entstandenen Bausteinen die Ebene natürlich auch periodisch parkettieren.

Der Mathematiker **Roger Penrose** (*1931) hat als einer der Ersten nicht-periodische Parkettierungen mit einer kleinen Anzahl verschiedener Bausteine gefunden, die keine periodischen Parkettierungen zulassen. In den Siebzigerjahren des letzten Jahrhunderts untersuchte Roger Penrose das seit Pythagoras symbolträchtige Pentagramm. Er entnahm dem fünfzackigen Stern gelbe Drachen (engl. Kites) und braune Pfeile (engl. Darts).

Setzt man diese gelben und braunen Teile derart aneinander, dass grüne Punkte stets auf grünen und rote stets auf roten liegen, so entsteht eine fugenlose Bedeckung der Ebene. Es zeigt sich, dass mit der Regel der grünen und roten Punkte eine periodische Parkettierung nicht möglich ist.

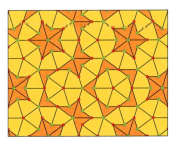 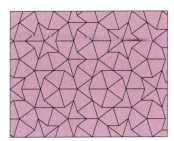

Inzwischen gibt es unzählige Varianten von Penrose-Parketten.

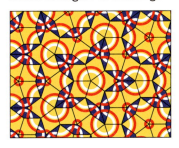 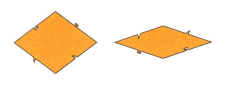

Die Bausteine des Parketts sind hier zwei spezielle Parallelogramme, die so aneinandergelegt werden müssen, dass die eingezeichneten Aussparungen ineinander passen.

5 Bestimme die Winkel in Kite und Dart und in den beiden Parallelogrammen

6 Schneide aus der Kopiervorlage die Bausteine des Penrose-Parketts aus. Konstruiere Kite und Dart nach obiger Skizze.

7 Lege Muster wie oben abgebildet. Begründe, weshalb nicht-periodische Parkette entstehen.

Online-Link
700581-2802
Penrose-Parkett

Ergänzende Aufgaben ab Seite 113

29 Ein Leben für die Wissenschaft

Emilie du Châtelet war eine französische Wissenschaftlerin des 18. Jahrhunderts. Ihr Lebenswerk bestand unter anderem in einem dreibändigen Physiklehrbuch und der Übersetzung von Newtons „Principia".
Der englische Mathematiker Andrew Wiles war schon als Kind besessen von einem der berühmtesten Sätze der Mathematik, die Fermat'sche Vermutung. Mit dem Beweis dieses Satzes erfüllte sich sein Lebenstraum.

Emilie du Châtelet (1706 – 1749)

Emilie wird in eine adlige Gesellschaft geboren. Ihr Vater, Baron de Breteuil, ist ein hoher Beamter am Hofe Ludwigs XIV. Emilie ist außerordentlich begabt für Sprachen, Mathematik und Naturwissenschaften. Ihr Eltern ermöglichen ihr eine sehr gute Ausbildung. Mit 16 Jahren kommt Emilie an den Hof von Versailles. Nie zuvor hat man dort eine so intelligente, gelehrsame, zielstrebige und selbstsichere Frau erlebt.

Als Frau in einer Männerwelt

„Wenn ich König wäre, ich würde einen Missbrauch abschaffen, der die Hälfte der Menschheit zurücksetzt. Ich würde Frauen an allen Menschenrechten teilhaben lassen, insbesondere den geistigen."

Emilie heiratet mit 19 Jahren den wohlhabenden Marquis de Châtelet. Es ist, wie damals üblich, eine arrangierte Ehe. Ihr Mann ist Oberst eines Regiments und deshalb häufig abwesend. Emilie bildet sich bei den größten Mathematikern der Zeit, obwohl solche Ausbildungen nur Männern vorbehalten sind. Als Mann verkleidet nimmt sie an wissenschaftlichen Diskussionen in Pariser Kaffeehäusern teil. Niemand lässt sich durch die Verkleidung täuschen, aber man akzeptiert sie. Sie arbeitet hart, beteiligt sich aber auch an gesellschaftlichen Ereignissen. Oft schläft sie nur zwei bis drei Stunden pro Nacht.

„Emilia Newtonmania"

Voltaire (1694 – 1778), ein einflussreicher Schriftsteller, Philosoph und Politiker, ist einer der Liebhaber von Emilie. Sie arbeiten intensiv auf einem Landsitz ihres Mannes. Dort richtet Emilie eine reichhaltige Bibliothek und ein Labor für physikalische Experimente ein. Der Landsitz wird zum französischen Zentrum für Wissenschaft und Philosophie des 18. Jahrhunderts. Emilie übersetzt Werke von Newton ins Französische, was zum Höhepunkt ihres Lebenswerks wird. Mitten in dieser Arbeit wird sie mit 42 Jahren mit ihrem vierten Kind schwanger. Sie hat Angst, die Geburt nicht zu überleben, und arbeitet Tag und Nacht, um ihr Werk zu vollenden. Kurz nach der Geburt stirbt sie an Kindbettfieber. Zehn Jahre nach ihrem Tod erscheint das Werk und schafft die Grundlage für die Durchsetzung von Newtons Ideen in Frankreich. Voltaire schreibt über sie: „Sie war ein großer Mensch, dessen einziger Fehler es war, eine Frau zu sein."

Eine selbstbewusste Frau

„Beurteilen Sie mich nach meinen Meriten oder nach dem Fehlen solcher Meriten; doch betrachten Sie mich nicht bloß als Gefolge etwa dieses großen Generals oder jenes verdienten Gelehrten, dieses Sterns am französischen Hofe oder jenes berühmten Dichters. Ich bin ein eigener Mensch und mir allein verantwortlich für alles, was ich bin oder tue. … Wenn ich meine Gaben zusammenzähle, so darf ich wohl sagen, dass ich niemandem unterlegen bin."

Biografien von Wissenschaftlerinnen und Wissenschaftlern und berühmte mathematische Sätze kennen lernen.

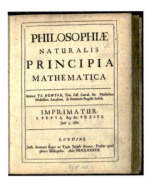

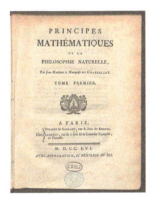

1 Emilie bezeichnete sich selbst als „Emilia Newtonmania". Ihre Bearbeitung der Werke Newtons ging weit über eine Übersetzung vom Lateinischen ins Französische hinaus. Vielmehr erläuterte sie in zahlreichen Kommentaren Newtons Text und stellte Newtons Argumentationen in der von Leibniz entwickelten Schreibweise der Infinitesimalrechnung dar. Über ihr Werk schrieb Voltaire: „Wenn Leibniz noch lebte, würde er vor Freude vergehen, sich auf diese Weise erläutert zu finden, oder vor Scham, sich an Klarheit, Methode oder Eleganz übertroffen zu sehen."
Worum ging es bei der von Leibniz und Newton unabhängig voneinander entwickelten Infinitesimalrechnung?

2 Im 18. Jahrhundert schrieb Maria Gaetana Agnesi in Italien ein Lehrbuch über die Mathematik, die Physikerin Laura Bassi wurde erste Universitätsprofessorin Europas, in Preußen promovierte als erste Frau Dorothea Christiane Erxleben in Medizin, in England erhielt Caroline Herschel als erste Frau ein Gehalt als Astronomin.
Informiere dich über Leben und Werk dieser außergewöhnlichen Wissenschaftlerinnen.

Andrew Wiles – Der Beweis

3 Dem englischen Mathematiker Andrew Wiles gelang, woran fast 400 Jahre die besten Köpfe der Mathematik gescheitert waren – der Beweis zu „Fermats letztem Satz".
Die spannende Geschichte des Beweises kannst du im Buch „Fermats letzter Satz" von Simon Singh nachlesen. Das Bild zeigt ihn bei seiner berühmtesten Vorlesung.
a. Was besagt „Fermats letzter Satz"? Vergleiche mit dem Satz des Pythagoras.
b. „Cuius rei demonstrationem mirabilem sane detexi hand marginis exiguitas con caperet."
Für die Faszination des Satzes ist auch diese Bemerkung von Fermat verantwortlich. Was besagt sie?
c. Welche Rolle spielte der Industrielle Paul Wolfskehl bei diesem Beweis?
d. Weitere berühmte mathematische Sätze sind die Goldbach'sche Vermutung, die Kepler'sche Vermutung, die Poincaré-Vermutung, der Vierfarbensatz, das Collatz-Problem. Was sagen diese Sätze aus? Welche dieser Sätze sind bereits bewiesen?

30 Sammeln – Ordnen – Strukturieren

Du hast im Mathematikbuch eine Vielzahl an Themen und Inhalten kennengelernt. Die hier vorgestellten Methoden helfen dir dabei, dein Denken zu strukturieren, Zusammenhänge zu erfassen und übersichtlich darzustellen, dein Wissen zu wiederholen und langfristig zu behalten.

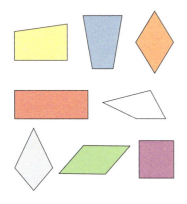

Online-Link
700581-3001
Strukturdiagramm

Diese Methode wird auch als **Struktur-Lege-Technik** bezeichnet.

Sortieren und Kategorisieren

1 Hier sind die logischen Beziehungen von Vierecken in einem **Strukturdiagramm** dargestellt.

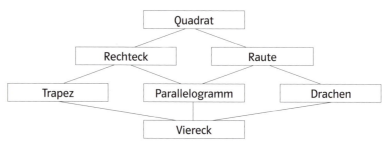

a. Nach welchem Prinzip ist das Diagramm aufgebaut? Welche Zusammenhänge werden durch die Verbindungslinien angedeutet?
b. Erstelle ein Diagramm zum Thema „Flächenformeln". Arbeite mit einer Partnerin oder einem Partner zusammen.
Schreibt zunächst alles, was euch zu diesem Thema einfällt, auf einzelne Kärtchen. Ordnet sie zu einer für euch logischen Struktur an. Ihr könnt diese Struktur kommentieren, indem ihr Oberbegriffe angebt oder Verbindungslinien einzeichnet.

2 Die **Mind-Map** stellt Begriffe zu einem Thema hierarchisch strukturiert dar, indem sie verschiedene Aspekte benennt und diese dann durch Unterbegriffe konkretisiert.

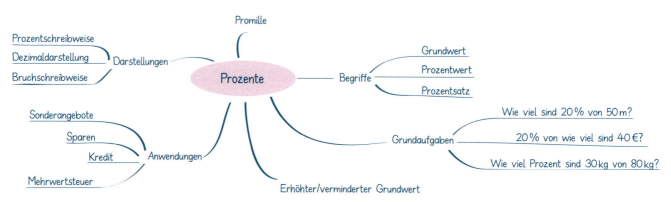

a. Verändere die Mind-Map so, dass sie deine persönliche Struktur zum Thema „Prozente" wiedergibt.
b. Recherchiere Grundregeln und methodische Möglichkeiten des „mindmapping".
c. Erstelle eine Mind-Map zum Thema „Flächenformeln". Vergleiche mit Aufgabe 1b.

„Die Mathematik wird oft als ein gewaltiger Stammbaum dargestellt, dessen Wurzeln, Stamm, Äste und Zweige die verschiedenenen Unterarten repräsentieren; ein Baum, der mit der Zeit heranwächst."
(Davis & Hersh, 1986)

3

a. Vergleiche die beiden Methoden „Strukturdiagramm" und „Mind-Map". Benutze dazu z. B. eine Tabelle:

Merkmale Diagramm	Gemeinsamkeiten	Merkmale Mind-Map

b. Erstelle ein Strukturdiagramm oder eine Mind-Map zum Thema Lineare Funktionen.

L *Methodenlernen: Strukturieren und Visualisieren*

Zusammenhänge darstellen

4 Sogenannte **Concept-Maps** stellen stellen die Begriffe zu einem Thema mit ihren Beziehungen untereinander dar. Das Thema wird oben aufgeschrieben, darunter werden Begriffe angeordnet, die in Beziehung zu diesem Thema stehen. Begriffe werden mit Linien verbunden, wenn sie in Beziehung zueinander stehen. Diese Linien werden mit der Angabe der Beziehung beschriftet. Unter der letzten Begriffszeile können Beispiele aufgeführt werden.

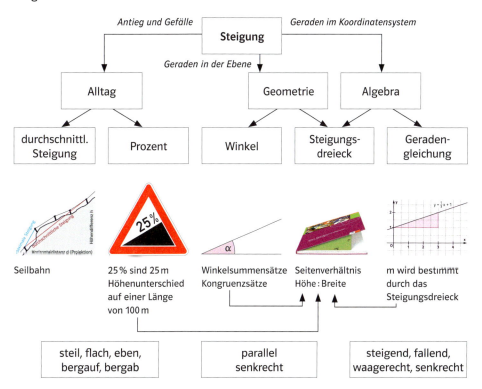

a. Vergleiche diese Concept-Map mit deiner Mind-Map zum Thema Lineare Funktionen.
b. Vergleiche die Methoden Mind-Map und Concept-Map miteinander. Die Mind-Map wird auch als „Landkarte des Wissens" bezeichnet, die Concept-Map als „windows to the minds".

5 Erstelle zu einem der folgenden Themen eine Concept-Map.

| Funktionen | Parabeln | Gleichungssysteme |

| Körper | Zahlbereiche | Wahrscheinlichkeit |

Problemlösen

6 Auch beim Lösen schwieriger Aufgaben können dir Mind-Maps oder Concept-Maps helfen, um Ideen zu entwickeln, benötigtes Grundwissen zusammen zu tragen und eine Lösungsstrategie zu strukturieren. Löse die folgende Aufgabe mit einer der genannten Strukturierungshilfen. Dokumentiere deinen Lösungsweg ausführlich.

a. Der Punkt P bewegt sich entlang der Strecke $\overline{AB}$ und erzeugt dabei, wie in der Abbildung gezeigt, ein Rechteck, das sich mit der Bewegung von P verändert. Bestimme das Rechteck mit dem größtmöglichen Flächeninhalt.
b. Hat dir das strukturierte Vorgehen beim Lösen dieser Aufgabe geholfen? Reflektiere deinen Lösungsweg unter diesem Gesichtspunkt.

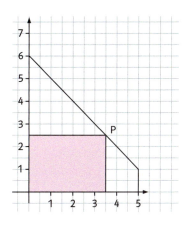

1 Nebenjobs

Nebenjobs

1 Vergleiche jeweils die beiden Inserate für Nebenjobs.
Bei welchem der beiden Nebenjobs könntest du wohl mehr verdienen?
Berechne den Unterschied auch in Prozent.

a.

Suchen Sie einen lukrativen Nebenverdienst?

Bekannte Spielwarenfirma sucht zuverlässige Leute für Kontrollarbeiten.

Pro Monat müssen 100 Einheiten kontrolliert werden. Gesamter Zeitaufwand etwa 35 Stunden.
Verdienst: € 3,– pro Einheit

Melden Sie sich unter Chiffre 23344 rw

Supermarkt Saldo

sucht fleißige Helfer/innen. Regale auffüllen, kleinere Reinigungsarbeiten etc. flexible Arbeitszeit, mindestens 15 Stunden pro Woche.

Lohn: 4 €/h
Telefon: 33 33 33 33
Ansprechpartnerin: Frau Zuber

b.

Gesucht: Schüler/in

der/die zweimal pro Woche (Montag und Mittwoch) je etwa drei Stunden auf unsere zwei kleinen Kinder aufpasst.

Stundenlohn: 7 €
Melde dich unter Chiffre 123456789

Nebenverdienst

Die Alterssiedlung Waldesruh sucht junge Leute, die jeweils abends für etwa eine halbe Stunde mithelfen, das Essen zu verteilen. Auch an Wochenenden.

Verdienst: 3 € pro Abend, Samstag und Sonntag 40 % Zuschlag
Zuschriften unter Chiffre 346724444

c.

Wir offerieren einen lukrativen Nebenjob

Die Schreinerei H. Finger AG sucht jeweils für Freitagnachmittag junge Leute, die anpacken können: Aufräumen, Wischen etc.

6 € Stundenlohn
Telefon: 123 45 67

Aushilfe in Bäckerei gesucht!

Jeweils Mittwochnachmittag.

Stundenlohn 5 €
+ 5 % Umsatzbeteiligung!

Meldet euch unter Chiffre 20010020

---

2 Auf den Abbildungen siehst du Pläne verschiedener Siedlungen mit einzelnen Einfamilienhäusern (schwarze Rechtecke) und Straßen (schwarze Linien). Du musst in alle Häuser Zeitungen verteilen.
Welchen Weg wählst du? Spielt es eine Rolle, wo du startest?

a.
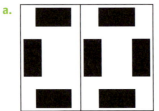

b.
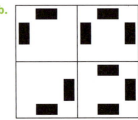

c.
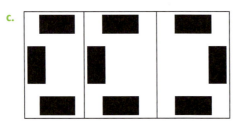

d.
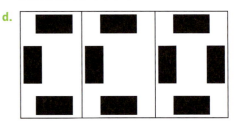

e. Schätze bei c. und d. den Maßstab der Pläne. Bestimme die ungefähre Länge deines Weges. Um wie viele Meter etwa ist der Weg bei d. wegen des zusätzlichen Hauses länger als bei c?

f. Gib den Unterschied bei Aufgabe e. auch in Prozent an.

g. Hängt der prozentuale Unterschied vom Maßstab ab? Begründe deine Antwort.

Abonnentenzahlen

3 In einer Gemeinde gibt es zwei konkurrierende Zeitungen. Am Anfang werden von jeder der beiden Zeitungen je 600 Exemplare verkauft. Nach einem Jahr entscheiden sich 80 % der Leserinnen und Leser von Zeitung A, fortan Zeitung B zu abonnieren. Die restlichen 20 % bleiben der Zeitung A treu. Bei Zeitung B sind es 60 %, die das Abonnement erneuern und 40 %, die zu Zeitung A wechseln.

a. Wie viele Leserinnen und Leser hat jede der beiden Zeitungen im zweiten Jahr?

b. Nach einem weiteren Jahr entscheiden sich wieder 80 % der Leserinnen und Leser von Zeitung A zu einem Wechsel, bei Zeitung B sind es 40 %. Wie viele Abonnenten und Abonenntinnen hat jede der beiden Zeitungen jetzt?

c. Wie entwickeln sich die Abonnentenzahlen, wenn sich jedes Jahr 80 % der Leserinnen und Leser von Zeitung A und 40 % von Zeitung B zu einem Wechsel entscheiden? Stelle die Abonnentenzahlen in einer Tabelle dar.

d. Zeitung A hat am Anfang 1000 Abonnentinnen und Abonnenten, Zeitung B nur 200. Wie entwickeln sich jetzt die Abonnentenzahlen, wenn sich jedes Jahr 80 % der Leserinnen und Leser von Zeitung A und 40 % von Zeitung B zu einem Wechsel entscheiden? Was stellst du fest?

e. Beide Zeitungen verkaufen zu Beginn je 600 Exemplare. Wie müssen die Prozentzahlen der treuen und der untreuen Leserinnen und Leser gewählt werden, damit sich die Abonnentenzahlen nach einigen Jahren bei 300 für Zeitung A und 900 für Zeitung B einpendeln?

4 In Klasse 5 hast du ein 5 × 5-Geobrett gebaut. Damit kannst du die Anzahl von „kürzesten Wegen" erforschen. Lege das Geobrett diagonal vor dich hin. Nimm einen Faden und binde ihn am obersten Nagel fest.

a. Du siehst hier, wie der Faden auf drei verschiedene Arten „auf kürzestem Wege" zu einem Nagel geführt werden kann. Hier führt der Weg über 5 Nägel. Finde durch Fadenspannen alle möglichen kürzesten Wege zu diesem Nagel.

b. Wie musst du den Faden führen, um einen „kürzesten Weg" zu erhalten? Was darfst du nicht? Beschreibe.

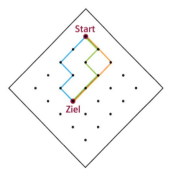 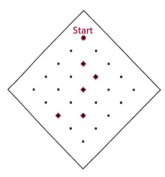

Online-Link
700581-0102
Geobrett

c. Finde die Anzahl aller kürzesten Wege zu den fünf auf dem Geobrett markierten Nägeln. Trage sie in eine Tabelle ein.

d. Finde die Anzahl der kürzesten Wege für alle Nägel heraus. Welche Gesetzmäßigkeiten für die „Nagel-Zahlen" findest du?

Online-Link
700581-0103
Pascal-Dreieck

5 Die Zahlen, die du in Aufgabe 4 gefunden hast, bilden das „Pascal-Dreieck".

a. Übertrage deine „Nagel-Zahlen" in die grauen Felder des Pascal-Dreiecks.

b. Nach welchem Prinzip werden im Pascal-Dreieck die Zahlen berechnet? Beschreibe.

c. Ergänze alle fehlenden Zahlen.

2 Muster, Term, Gleichung

1
a. Erstelle eine Tabelle für die Anzahl Plättchen der ersten 10 Figuren $a_1, a_2, ..., a_{10}$.
b. Aus wie vielen Plättchen besteht die Figur a_n?

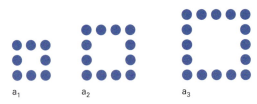

2 Annika beschreibt die n-te Figur an aus Aufgabe 1 mit dem Term $a_n = (n+2)^2 - n^2$.
Boris beschreibt die n-te Figur an aus Aufgabe 1 mit dem Term $a_n = 2(n+2) + 2n$.
a. Erkläre, was sich die beiden überlegt haben.
b. Zeige, dass die beiden Terme gleichwertig sind.

3
a. Erstelle eine Tabelle für die Anzahl Plättchen der ersten 10 Figuren $b_1, b_2, ..., b_{10}$.
b. Beschreibe die Anzahl Plättchen der n-ten Figur b_n durch eine allgemeine Formel.

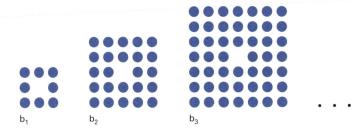

Wahr oder falsch?

4 Prüfe die Aussagen zunächst mithilfe von Zahlbeispielen. Beschreibe den Sachverhalt dann algebraisch und beweise gegebenenfalls.
a. Die Summe von zwei aufeinanderfolgenden geraden Zahlen ist immer durch 4 teilbar.
b. Die Summe von zwei aufeinanderfolgenden ungeraden Zahlen ist immer durch 4 teilbar.
c. Die Summe von drei aufeinanderfolgenden geraden Zahlen ist immer durch 6 teilbar.
d. Zwei aufeinanderfolgende gerade Zahlen haben nie einen gemeinsamen Teiler.

5 „Die Summe aus der n-ten Dreieckszahl und der (n + 1)-ten Quadratzahl ergibt die (n + 1)-te Fünfeckzahl."
a. Überprüfe die Aussage anhand von Zahlbeispielen und stelle mithilfe von Plättchen dar.
b. Beschreibe den Sachverhalt algebraisch und beweise.

Würfelgebäude und Terme

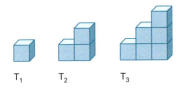

$T_1 \quad T_2 \quad T_3$

6

n	1	2	3	4	5	6	7
w_n	1	3					
s_n	3	7	12				
q_n	5	12	21				

w_n = Anzahl Würfel für den Turm T_n.
s_n = Anzahl Würfelflächen, die man in dieser Darstellung beim Turm T_n sehen kann.
q_n = Anzahl aller Würfelflächen, die man beim Turm T_n beim Herumlaufen sehen kann.
a. Übertrage die Wertetabelle in dein Heft und fülle sie aus.
b. Finde die Terme für w_n, s_n und q_n.

Training – Gleichungen

1 Eindeutig lösbar, unlösbar oder allgemeingültig? Was trifft jeweils zu?
a. $2x + 7 = 4x + 14$
b. $3x = -7x + 5$
c. $x^2 + 1 = 0$
d. $\frac{1}{2}x = 2x - 1$
e. $x^2 + 3x + 1 = x^2 + 3x - 1$

2 Wie groß muss a jeweils sein? Trage die Ergebnisse für a in eine Tabelle ein.
Es gibt auch Fälle, die nicht eintreffen können.

	Gleichung	Lösung x = 10	unlösbar	allgemeingültig
a.	$x \cdot (a + 1) = 5$			
b.	$(a + 3) \cdot x = x$			
c.	$x \cdot (a - 9) = a$			
d.	$(a + 5) \cdot x = 0$			
e.	$a \cdot x^2 = -1$			

3 $8 \cdot x + 12 \cdot y = 100$ Für diese Gleichung gilt: x und y sind natürliche Zahlen.
a. Bestimme alle möglichen Lösungen.
b. Für welche Lösung ist die Summe $x + y$ am kleinsten?
c. Für welche Lösung ist das Produkt $x \cdot y$ am größten?

4 $5 \cdot x + a = 128$
a. Finde ein a so, dass die Gleichung die Lösung $x = 23$ hat.
b. Für welches a hat die Gleichung die Lösung $x = -0{,}5$?
c. Für welche a hat die Gleichung natürliche Zahlen als Lösung?
Beschreibe diese a durch einen allgemeinen Term.

5 $5 \cdot x + 8 = 71 + b \cdot x$
a. Wähle b so, dass die Gleichung die Lösung $x = 9$ hat.
b. Für welches b hat die Gleichung die Lösung $x = 1$?
c. Wähle b so, dass die Gleichung unlösbar ist.

6 $4 \cdot (x + 2) - 3 = 5 + c \cdot x$
a. Wähle c so, dass die Gleichung die Lösung $x = 1$ hat.
b. Wähle c so, dass die Gleichung die Lösung $x = 0$ hat.
c. Wähle c so, dass die Gleichung allgemeingültig ist.

7 Löse die Gleichungen.
a. $3 \cdot x - 8 \cdot (x + 2) = 5 \cdot (4 - 3 \cdot x) - 1$
b. $(3 \cdot x - 5) \cdot (x + 4) - 8 = 3 \cdot (x + 2)^2$
c. $3 + (x - 1) \cdot (x + 1) = (x - 1)^2$
d. $6 \cdot (2 \cdot x - 3) + 9 \cdot (x + 4) - 8 \cdot (3 \cdot x + 1) = -1$
e. $(4 \cdot x - 1)^2 - 6 = (4 \cdot x + 3) \cdot (4 \cdot x - 3)$
f. $(x + 1) \cdot 6 \cdot x + (2 \cdot x + 1)^2 = (3 - 2 \cdot x) \cdot (1 - 5 \cdot x)$

Lösungen ab Seite 115

3 Kopfgeometrie

1 Die sechzehn Würfelbauten zeigen nur drei unterschiedliche Objekte. Welche Bilder zeigen das gleiche Objekt? Zur Überprüfung kannst du die Objekte nachbauen.

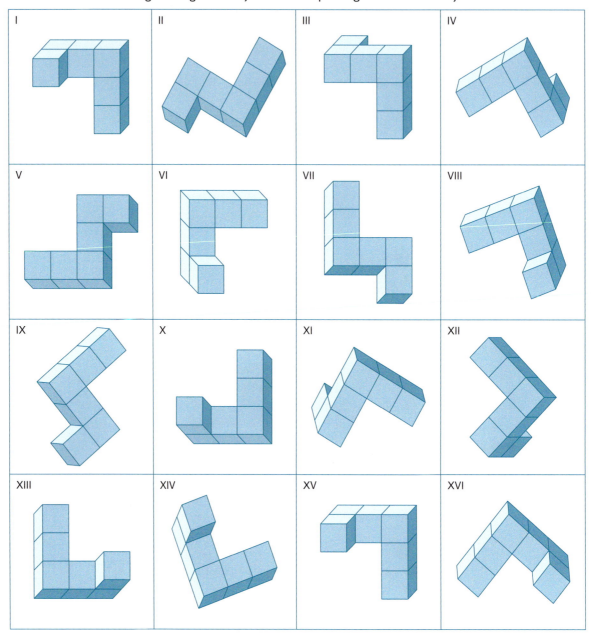

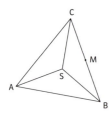

2 Betrachte einen Tetraeder senkrecht von oben. Zeichne nun das Dreieck ASM. Beachte dabei: M ist Mitte von $\overline{BC}$, die Höhe des Tetraeders ist genauso lang wie die Höhe des Dreiecks ASM durch den Punkt S.

3 Beschreibe, skizziere oder baue Körper, die aus maximal sechs Flächen zusammengesetzt sind. Als Bauteile sind erlaubt: gleichseitige Dreiecke, gleichschenklige Dreiecke, Quadrate und Rechtecke mit den unten notierten Maßen.

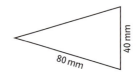
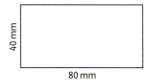

4 Verpackungen

1 Das Material für die Getränkeverpackungen wird in riesigen Rollen geliefert. Es gibt Rollen für 250-ml-Verpackungen. Darauf werden zehn Verpackungen nebeneinander gedruckt. Aus einer solchen Rolle fertigt man etwa 120 000 Verpackungen. Eine 250-ml-„Tetra-Brik"-Verpackung wiegt ungefähr 15 g.

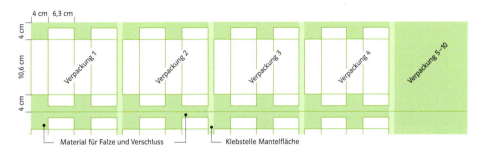

Berechne anhand dieser Angaben jeweils ungefähr
a. die Länge der Rolle,
b. die Fläche der Rolle,
c. das Gewicht der Rolle,
d. die Flüssigkeitsmenge, die verpackt werden kann.

2 Im Handel werden Versand-Verpackungen in Form von Prismen eingesetzt. Rechts siehst du die Tripac-Verpackung für Poster und Ähnliches.
Die Grundfläche ist ein gleichseitiges Dreieck mit der Seitenlänge 13,9 cm und der Dreieckshöhe 12 cm. Die Verpackung hat eine Länge von 61 cm. Wie viel Pappe wird zur Herstellung dieser Verpackung mindestens benötigt?

3 Für den Versand von Postern gibt es noch weitere Verpackungen, z. B. Trapez-Plus-Verpackungen. Diese Verpackungen gibt es in unterschiedlichen Größen:
z. B. 610 × 145 / 110 × 75 mm
430 × 145 / 110 × 75 mm
860 × 145 / 110 × 75 mm

a. 610 × 145 / 110 × 75 mm bedeutet, dass die Verpackung 610 mm lang ist und dass das Trapez die folgenden Maße hat: Die Grundseite hat 145 mm, die gegenüberliegende Seite 110 mm Länge und die Höhe beträgt 75 mm.
Zeichne dieses symmetrische Trapez in dein Heft. Bestimme alle Seitenlängen.
b. Wie viel Pappe wird zur Herstellung dieser Verpackung mindestens benötigt?
c. Ein Poster der Größe 50 cm × 75 cm soll zusammengerollt verschickt werden. Welche der Trapez-Verpackungen wählst du? Begründe deine Entscheidung.

4 Verwende im Folgenden die Informationen aus Aufgabe 2 und 3 zu den Trapez-Plus-Verpackungen und der Tripac-Verpackung.
a. Berechne das Volumen der Tripac-Verpackung aus Aufgabe 2. Welche Maße hat ein Quader, der das gleiche Volumen hat? Vergleicht eure Ergebnisse in der Klasse.
b. Vergleiche das Volumen der Trapez-Plus-Verpackung mit den Maßen 430 × 145 / 110 × 75 mm mit den folgenden quaderförmigen Verpackungen. Schätze zuerst und rechne dann.

Quader A	Quader B	Quader C
430 mm × 110 mm × 75 mm	430 mm × 145 mm × 75 mm	145 mm × 110 mm × 75 mm

Training – Überschlag

1 Welche Schätzungen treffen deiner Meinung nach am besten zu? Begründe deine Entscheidung. Begründe auch, wenn mehrere Lösungen infrage kommen.

	Zu schätzende Größe	Schätzungen			
a.	Gewicht eines Fußballs	40 g	4 kg	400 g	4000 g
b.	Volumen eines Tennisballs	150 m³	1 dm³	500 cm³	6000 mm³
c.	Länge eines Skateboards	80 cm	8 dm	1,3 m	400 mm
d.	Fläche eines Fußballplatzes	1 ha	100 a	80 000 m²	1 km²
e.	Geschwindigkeit eines Fußballes beim Torschuss	20 km/h	140 km/h	40 m/s	140 m/s
f.	Fläche eines Tennisplatzes	30 m²	3 a	3 ha	260 m²
g.	Distanz zwischen den Stadien von Bayern München und dem Hamburger SV	600 km	6000 m	800 km	300 km
h.	Durchmesser eines Fußballs	50 cm	7 dm	20 cm	0,2 m
i.	Fläche einer Mathematikbuchseite	0,5 m²	600 cm²	3 dm²	60 cm²

2
a. Wie viele Schritte macht ein Spitzenläufer in einem 100-m-Lauf? Deine Schätzung sollte auf etwa 5 Schritte genau sein. Tipp: Wie viele Schritte sind pro Sekunde höchstens möglich?
b. Beim 100-m-Hürdenlauf der Frauen ist die Distanz vom Start zur ersten Hürde 13 m. Die 10 Hürden sind im Abstand von 8,50 m aufgestellt. Der Auslauf zum Ziel beträgt 10,50 m. Wie viele Schritte macht eine gute Läuferin auf diesen 100 m?

3 Formuliere zu jedem Text in eigenen Worten eine Frage. Beantworte sie mit einer Überschlagsrechnung.
a. Drei Hauptspeisen zum Preis von 13,50 €, eine Flasche (0,7 l) Mineralwasser zum Preis von 4,80 €, zwei Apfelschorle für 2,80 €, zwei Espresso zu je 1,80 €.
b. Der neue Teppich im Schlafzimmer (4,50 m × 3,80 m): Quadratmeterpreis zugeschnitten 7 €, Transport durch den Handwerker und Wegpauschale 80 €, Verlegen dauert 1,5 h bei einem Tarif von 40 €/h für den Vorarbeiter und 20 €/h für die Hilfskraft. Zusatzmaterial zum Fixieren des Teppichs etwa 30 €.
c. Für die Ferien „10 Tage zu viert auf der Insel Elba": Die Wohnung kostet 120,– € pro Tag. Für das Essen in der Wohnung brauchen wir 5 € pro Tag und Person, ebensoviel für Getränke und Eis etc. Das Abendessen im Restaurant macht etwa 20 € pro Person. Für Taxi und Bus wollen wir 80 € reservieren. Die Bahnreise kostet in der Schweiz 40 € pro Person, in Italien etwa ebenso viel. Für das Schiff muss man mit etwa 2 × 20 € rechnen.
d. Beim Einkauf: 1 kg Brot, 400 g Rindfleisch, 2 Paprikas, 1 Salat, 1 kg Karotten, 1 l Milch, 250 g Butter, zwei Tafeln Schokolade, ein Viererpack WC-Rollen, 1 kg Reis, 1 kg Bananen.
e. Zeitplanung: Morgen will ich ein Abendessen für 4 Personen kochen. Ich muss planen, einkaufen, Tisch decken und kochen.

4 Bei den folgenden Rechnungen sind die Ergebnisse häufig gerundet und es fehlt immer das Komma. Führe eine Überschlagsrechnung durch und setze das Komma.
a. 4,26 · 30,6 = 1 3 0 3 5 6
b. 17,4 · 0,38 = 6 6 1 2
c. 142,8 · 0,75 = 1 0 7 1
d. 555,5 · 0,024 = 1 3 3 3 2
e. 678,95 · 12,1 = 8 2 1 5 3
f. 30,6 : 4,263 = 7 1 7 8
g. 17,4 : 0,35 = 4 9 7
h. 0,035 : 17,2 = 0 0 0 2 0 3
i. 142,8 : 0,75 = 1 9 0 4
j. 65,055 : 0,24 = 2 7 1 0 6 2 5

5 Binome multiplizieren

$(a + b)^n$

Tipp:
Denke an das Pascalsche Dreieck

```
            1
          1   1
        1   2   1
      1   3   3   1
    1   4   6   4   1
  1   5  10  10   5   1
 ... ... ... ... ... ... ...
```

1 In einer Familie mit mehreren Kindern kann die Reihenfolge der Geburten von Mädchen und Jungen unterschiedlich sein. In der Darstellung werden die Möglichkeiten für 3 Kinder gezeigt.

JJJ	JJM	JMM	MMM
	JMJ	MJM	
	MJJ	MMJ	
1	3	3	1

a. Erklärt einander die Darstellung.
b. Beschreibe in gleicher Weise alle möglichen Fälle von Familien mit vier Kindern.
c. Beschreibe in gleicher Weise alle möglichen Fälle von Familien mit fünf Kindern.

2 $(a + b)^1 = (a + b) = 1 \cdot a + 1 \cdot b$

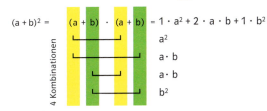

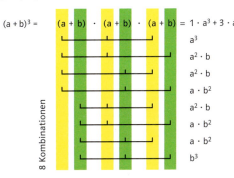

a. Erklärt einander die Darstellungen von $(a + b)^1$ bis $(a + b)^3$.
b. Finde alle 16 Kombinationen von $(a + b)^4$.
c. Vergleiche mit Aufgabe 1 und stelle eine Vermutung auf für $(a + b)^5$.

Die 3. binomische Formel

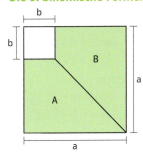

3

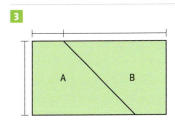

Über die Berechnung der gefärbten Fläche in beiden Figuren kannst du die 3. binomische Formel begründen.

73

Training – Grafikfähiger Taschenrechner

Mit dem grafikfähigen Taschenrechner (GTR) lassen sich vielfach Aufgaben anschaulich lösen. Trotzdem sollte man das Ergebnis und die Anzeige des Taschenrechners immer hinterfragen. Beachte, dass die Tastenbezeichnungen und Menüs bei verschiedenen Rechnertypen abweichen können.

Zuordnungen und Zeichnungsobjekte im Grafikfenster anzeigen.

1 Gib die Tabelle im Statistik-Menü STAT 1: Edit in die Listen L1 und L2 ein.

x	3	4	5
y	5	4	5

a. Stelle unter ZOOM mit dem Befehl 6: ZStandard dein Grafikfenster auf die Standardeinstellung.

b. Wähle unter STAT PLOT 1: Plot1 aus und stelle die Zuordnung L1 → L2 in „Kreuzen" dar. Drücke GRAPH um die Zuordnung anzuschauen.

c. Nutze die Listen L3 und L4, um die folgende Tabelle in den Taschenrechner einzugeben. Stelle sie mit STAT PLOT 2: Plot 2 als Zuordnung L3 → L4 im selben Koordinatensystem als Punkte dar.

x	3	3,2	3,4	3,6	3,8	4	4,2	4,4	4,6	4,8	5
y	3,35	3,1	2,95	2,8	2,65	2,65	2,65	2,8	2,95	3,1	3,35

d. Wähle unter WINDOW den Zeichenbereich $-1 \leq x \leq 10$ und $-1 \leq y \leq 10$ und zeichne den Mund als Linie. Begründe, weshalb der Mund nicht mehr symmetrisch zur senkrechten Achse durch die Nase ist.

e. Zeichne mit DRAW 4: Vertical eine senkrechte Gerade, die von der Nase den Abstand 2,5 hat.

f. Zeichne mit DRAW 9: Circle einen Kreis um die Nase (4|4) durch den Punkt (4|7) und bestimme seinen Radius. Beschreibe die Lagebeziehung zwischen Kreis und senkrechter Gerade.

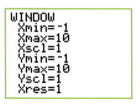

g. Verändere den Bildausschnitt mit ZOOM 5: ZSquare so, dass die Einheiten auf der x- und der y-Achse gleich lang sind. Führe dann die Anweisungen von e. und f. noch einmal durch. Beschreibe die Lagebeziehung zwischen Kreis und Gerade. Wodurch kommt der Unterschied zustande? Was macht der GTR, wenn er den Befehl DRAW 9 :Circle ausführt? Welche Darstellung ist richtig, die aus f. oder die aus g.?

2 Allgemein gilt: Alle Punkte einer Kreislinie haben den selben Abstand zum Mittelpunkt. Beschreibe, wie ein „schlauer Taschenrechner" den Kreis aus Teilaufgabe 1f. dargestellt hätte.

3 Zeichne Smileys mit anderen Gesichtsausdrücken, Frisuren … . Mit DRAW 1: ClrDraw kannst du deine Zeichenobjekte löschen.

4 Stelle unter ZOOM mit dem Befehl 6: ZStandard dein Grafikfenster auf die Standardeinstellung. Gib unter Y= die beiden Geraden mit den Gleichungen $y = 2x + 20$ und $y = -0,5x + 15$ ein und stelle ihr Schaubild durch Drücken von GRAPH dar.

a. Begründe, weshalb im Grafikfenster nur ein Schaubild dargestellt wird.

b. Wähle unter ZOOM 0 :ZoomFit das Koordinatensystem und bestimme mit CALC 5: Intersect den Schnittpunkt der beiden Geraden.

6 Ganz einfach gerade

Steigung einer Geraden

1
a. Zeichne eine Gerade mit der Steigung 2 und eine Gerade mit der Steigung $-\frac{1}{2}$.
b. Zeichne eine Gerade mit der Steigung $\frac{2}{3}$ und eine Gerade mit der Steigung $-\frac{3}{2}$.
c. Zeichne weitere entsprechende Geradenpaare.
d. Was haben alle Geradenpaare gemeinsam? Formuliere eine Regel.

Punkte und Geraden – Koordinaten und Gleichungen

2
a. Zeichne die drei Geraden in ein Koordinatensystem ein. Jede Gerade ist durch zwei Punkte bestimmt.
g_1: $A_1(0|0)$; $B_1(4|2)$ g_2: $A_2(0|-3)$; $B_2(3|-1,5)$ g_3: $A_3(-4|0)$; $B_3(2|3)$
b. Lege für jede Gerade eine Wertetabelle an und trage die Koordinaten der angegebenen Punkte und von vier weiteren Punkten ein.
c. Bestimme jeweils die Steigung m, den y-Achsenabschnitt c und daraus die Geradengleichung.

3
a. Trage die Geraden durch die folgenden Punkte in ein Koordinatensystem ein.
g_1: $A_1(-1|2)$; $B_1(2|-4)$ g_2: $A_2(0|6)$; $B_2(3|0)$ g_3: $A_3(-2|0)$; $B_3(1|-6)$
b. Bestimme die Gleichungen der drei Geraden.

4
a. Zeichne in ein Koordinatensystem die Gerade, welche zur Gleichung $y = x + 2$ gehört.
b. Kontrolliere, ob du richtig gezeichnet hast, indem du für einige Geradenpunkte überprüfst, ob ihre Koordinaten die Gleichung erfüllen.

5 Verfahre wie in Aufgabe 4 mit den folgenden Geradengleichungen.
a. $y = x - 3$ b. $y = -x + 3$ c. $y = -x - 1$

Gleichungen und Ungleichungen grafisch lösen

6

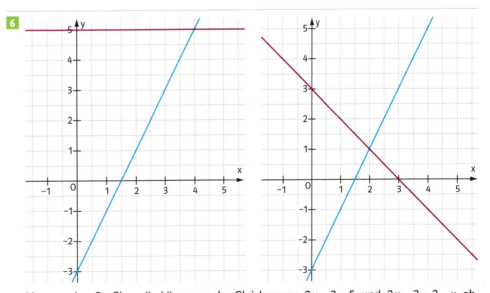

a. Lies aus den Grafiken die Lösungen der Gleichungen $2x - 3 = 5$ und $2x - 3 = 3 - x$ ab. Erkläre, wie du vorgehst.
b. Bestimme daraus die Lösungsmengen der folgenden Ungleichungen:
$2x - 3 < 5$ $2x - 3 \geq 5$ $2x - 3 \leq 3 - x$ $2x - 3 \geq 3 - x$
c. Löse die folgenden Gleichungen und Ungleichungen grafisch:
$4x + 3 = 7$ $2x + 3 > -x$ $2x + 1 \leq 2$ $x - 1 \geq \frac{1}{3}x + 1$

Erinnerung: Lösungen von Ungleichungen kann man an der Zahlengerade darstellen.

Die Menge aller Zahlen, die kleiner als 3 sind.

T1 Teste dich selbst

Bist du bei der Bearbeitung der Aufgaben sicher? Notiere deine Einschätzung jeweils.
☺ Da bin ich sicher. Das kann ich.
😐 Da bin ich unsicher. Das werde ich weiter üben.
☹ Das kann ich nicht. Hier brauche ich Hilfe.

1 Ein Zeitungsverlag hat eine Auflage von 1500 Zeitungen, die täglich zu verteilen sind.
Möglichkeit 1: Zeitungsausträger/innen mit einem Stundenlohn von 8 € verteilen im Durchschnitt 30 Zeitungen pro Stunde. Dazu kommen monatliche Mietkosten von 200 € für eine kleine Einstellhalle.
Möglichkeit 2: Das Verschicken der Zeitungen mit der Post kostet 45 ct pro Exemplar.
a. Berechne für beide Möglichkeiten die Kosten. Wie entscheidet sich der Verlag wohl?
b. Für kleinere Verlage kann die andere Möglichkeit die kostengünstigere Alternative sein. Um wie viel Prozent müsste die Auflage geringer sein, damit dies der Fall ist?

2 Wahr oder falsch? Überprüfe die Aussage zunächst an einigen Zahlenbeispielen. Beschreibe den Sachverhalt algebraisch und beweise gegebenenfalls.
a. Die Summe von drei aufeinander folgenden Zahlen ist immer durch 3 teilbar.
b. Die Summe von fünf aufeinander folgenden Zahlen ist immer durch 5 teilbar.

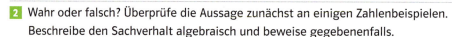

3 Ist die Getränkeverpackung auf dem Rand ein Prisma? Skizziere ein mögliches Netz und berechne die Oberfläche der Verpackung. Der zusätzlich benötigte Karton für Verschluss und Falz muss nicht berücksichtigt werden.

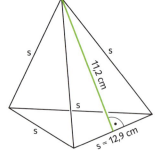

4 Wir „verpacken" unsere Erde – zum Beispiel in eine riesige würfelförmige Kartonschachtel. Der Durchmesser der Erde beträgt etwa 12 700 km.
a. Wie groß wäre die Oberfläche dieser Kartonschachtel?
b. Ein Quadratmeter Karton wiegt etwa 350 g. Wie schwer wäre die Verpackung?
c. 76 Milliarden Verpackungen mit durchschnittlich 7 dm² Karton verkaufte die Firma Tetra Pak 1995 weltweit. Könnte man mit dem verwendeten Karton die Erde einpacken?

5
a. Schreibe als Summe.
$(3y - 0{,}5x)^2$
$(3p - a)(3p + a)$
$\left(\frac{a}{5} - 5b\right)^2$
$\left(\frac{a}{6} - \frac{b}{3}\right)^2$

b. Schreibe als Produkt.
$121y^2 - 44yz + 4z^2$
$1{,}69c^2 - 1{,}96d^2$
$144a^2 + 12ab + 0{,}25b^2$
$100u^2 - 2ur + 0{,}01r^2$

6 Löse folgende Gleichungen.
a. $(2x - 3)^2 - (x - 5)^2 = 3x(x - 7) - 17$
b. $3(x + 1) \cdot (x + 4) = (3x + 6) \cdot (x + 3)$
c. $5(3x + 8) - 11x = 4(10 + x)$

7 Gegeben sind die Punkte (3|1) und (−1|5).
a. Wie heißt die Gleichung der Geraden durch diese beiden Punkte?
b. Liegt der Punkt (1|2) auf dieser Geraden?

8 Gib die Gleichungen für zwei verschiedene Geraden an, die durch den Punkt (6|8) gehen. Eine davon soll eine negative Steigung haben.

7 Achilles und die Schildkröte

Verfolgungen

1 Eine Radfahrerin ist viermal so schnell wie ein Läufer. Beide bewegen sich mit konstanter Geschwindigkeit auf einer geraden Straße.
a. Der Läufer hat einen Vorsprung von 1000 m. Wie weit muss die Radfahrerin theoretisch fahren, bis sie den Läufer einholt?
b. Wie viel Vorsprung müsste der Läufer haben, damit die Länge dieser Verfolgungsstrecke exakt 2000 m betragen würde?

2 Der Minutenzeiger ist zwölfmal so schnell wie der Stundenzeiger.
a. Nimm an, dass es genau 6:00 Uhr ist. Der Minutenzeiger bewegt sich zur 6, aber dann ist der Stundenzeiger schon nicht mehr dort. Wie geht es weiter? Berechne den Zeitpunkt, an dem die beiden Zeiger exakt übereinstimmen.
b. Es ist 12:00 Uhr. Wann stehen die beiden Zeiger das nächste Mal wieder übereinander?

Schnittpunkte

3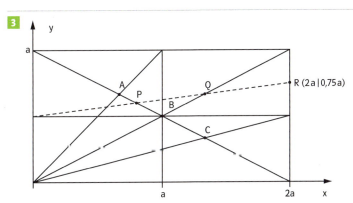

Berechne die Koordinaten der Punkte A, B und C
a. für den Fall, dass a = 10 ist;
b. allgemein für a.
c. Berechne ebenso die Koordinaten der Punkte P und Q.

4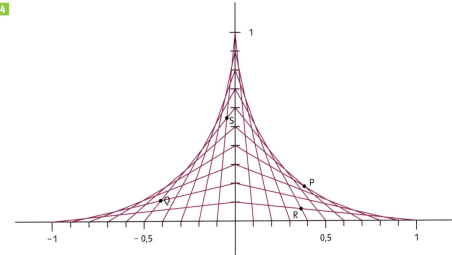

a. Zeichne diese Figur nach.
b. Markiere die Geraden g und h rot.   g: $y = -4{,}5x + 0{,}9$ h: $y = -\frac{3}{8}x + 0{,}3$
c. Die Geraden g und h schneiden sich im Punkt Z. Berechne die Koordinaten von Z.
d. Spiegle Z an der y-Achse. Du bekommst Z'. Die Geraden g' und h' schneiden sich in Z'. Gib ihre Gleichungen an und berechne die Koordinaten von Z'.
e. Berechne die Koordinaten der Punkte P, Q, R und S.

Training – Wahrscheinlichkeit

1 Beim Würfel treten alle Ergebnisse (Augenzahl 1, 2, 3, 4, 5, 6) mit der gleichen Wahrscheinlichkeit auf, deswegen spricht man in diesem Fall auch von einem **Laplace-Experiment**.
a. Welche der oben abgebildeten Zufallsgeräte sind Laplace-Experimente?
b. Gib zu den Zufallsgeräten die möglichen Ergebnisse an.
c. Bei welchen Zufallsgeräten kann man die Wahrscheinlichkeit der Ergebnisse einfach angeben?

2 Gib die Wahrscheinlichkeit für das Werfen einer „5", „einer ungeraden Zahl" und einer „durch 2 teilbaren Zahl" beim Würfel an.

3 Gib die Wahrscheinlichkeit für das Drehen einer „7", „einer geraden Zahl" und einer „durch 3 teilbaren Zahl" beim oben abgebildeten Kreisel an.

4 Aus einer Schachtel mit 12 Kugeln (5 blaue, 4 rote, 2 grüne, 1 gelbe) wird eine Kugel gezogen. Wie groß ist die Wahrscheinlichkeit, dass die gezogene Kugel rot ist? Wie groß ist sie für grün, wie groß für gelb?

5 Valerie hat einen Z-Würfel einige Male geworfen.

Ergebnis	1	2	3	4	5	6
absolute Häufigkeit	12	89	28	32	98	16

a. Gib die relativen Häufigkeiten an.
b. Stelle dir vor, Valerie hätte den Z-Würfel 10 000 Mal geworfen. Wie oft erwartest du die 1, die 2, die 3 usw.?

6 Samuel zieht aus einem Skatspiel (32 Karten) nacheinander zwei Karten. Mit welcher Wahrscheinlichkeit zieht er
a. … zwei Könige?   b. … die Karo 7?   c. … ein As und eine Dame?

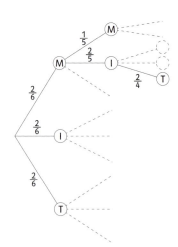

7 In einer Urne liegen 6 Kugeln, 2 mit dem Buchstaben T, 2 mit I und 2 mit M. Nacheinander werden 3 Kugeln gezogen.
a. Zeichne ein Baumdiagramm für das Ziehen der Kugeln. Als Hilfestellung ist auf dem Rand ein Ausschnitt aus einem möglichen Baumdiagramm abgebildet. Zeichne in deinem Heft alle möglichen Zweige und gib die jeweiligen Wahrscheinlichkeiten dafür an.
b. Wie groß ist die Wahrscheinlichkeit die „Wörter" MIT, TIM, MTM, TTT zu ziehen?
c. Wie groß ist die Wahrscheinlichkeit mindestens einmal den Buchstaben T zu ziehen.
d. Wie ändern sich die Wahrscheinlichkeiten für die Ereignisse in den Teilaufgaben b. und c., wenn 9 Kugeln (3 mit dem Buchstaben T, 3 mit I, 3 mit M) in der Urne liegen?

8 Gesetze des Zufalls

Würfeln mit Würfeln und Schweine-Würfeln

1 Bei einem Normalwürfel ist es gleich wahrscheinlich, eine gerade oder eine ungerade Zahl zu werfen. Gilt etwas Ähnliches auch für die Schweine-Würfel aus der Lernumgebung? Begründe.

2
a. Bert hat mit einem gewöhnlichen Würfel eine 6 geworfen. Er glaubt nun, in einem zweiten Wurf sei eine 5 wahrscheinlicher als eine 6. Was meinst du dazu? Begründe.
b. Anna würfelt mit einem Schweine-Würfel. Sie vermutet, dass das Schweinchen beim nächsten Wurf mit geringerer Wahrscheinlichkeit wieder die gleiche Lage hat wie im letzten Wurf. Was meinst du dazu? Begründe.
c. Claire wirft einen gewöhnlichen Würfel zweimal hintereinander. Begründe, was wahrscheinlicher ist.
   A zweimal 6 oder   B im ersten eine 1 und im zweiten eine 2

Würfeln mit dem „Z-Würfel"

3 In dieser Tabelle gibt es Zeilen mit berechneten Zahlen und Zeilen mit Zahlen aus einem Wurfexperiment. (Auch beim Z-Würfel ist die Summe gegenüberliegender Zahlen immer 7.) Welche Zeilen sind das Ergebnis eines Experiments, welche Zeilen sind berechnete zu erwartende Werte? Begründe.

	1	2	3	4	5	6
(Z-Würfel Bild 1)	24	193	58	67	221	37
(Z-Würfel Bild 2)	23	216	61	61	216	23
gewöhnlicher Würfel	100	100	100	100	100	100
gewöhnlicher Würfel	95	98	112	95	108	92

4 Hier ist als neues Wurfobjekt ein Quader mit den angegebenen Maßen abgebildet. Für die Augenzahlen dieses Quaders wurden die Wahrscheinlichkeiten in der Tabelle nach einer langen Versuchsreihe geschätzt.

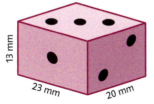

Augen	1	2	3	4	5	6
geschätzte Wahrscheinlichkeit	0,11	0,06	0,33	0,33	0,06	0,11

a. Wo liegt beim Quader die Augenzahl 4, wo die 5, wo die 6?
b. Du sollst ein Wurfobjekt dreimal hintereinander werfen. Dabei soll je eine 1, eine 2 und eine 3 auftreten. Du kannst für den Versuch entweder den Quader oder einen gewöhnlichen Würfel wählen. Welches Wurfobjekt ist günstiger? Begründe.
c. Berechne für beide Fälle in Teilaufgabe b. die Wahrscheinlichkeiten auf der Grundlage der geschätzten Wahrscheinlichkeiten.

8 Gesetze des Zufalls

Augensumme

5
a. Du wirfst drei gewöhnliche Würfel gleichzeitig. Wie groß ist die Wahrscheinlichkeit, dass die Augensumme 4 beträgt?
b. Wie groß ist die Wahrscheinlichkeit, dass die Augensumme 5 beträgt?
c. Beantworte die Fragen in den Teilaufgaben a. und b., wenn nur zwei statt drei Würfel gleichzeitig geworfen werden.

6 Du hast bei einem Würfelspiel möglicherweise auch schon erlebt, dass man lange warten muss, bis eine bestimmte Augenzahl erscheint. Dies soll an einem Beispiel genauer untersucht werden. Es geht um die Frage: „Wie oft muss man durchschnittlich einen gewöhnlichen Würfel werfen, bis erstmals eine 3 erscheint?"
a. Versuche die Frage experimentell zu beantworten. Dazu kannst du beispielsweise zehn Durchgänge würfeln. In jedem Durchgang zählst du, wie viele Würfe du brauchst, bis erstmals die 3 erscheint. Das arithmetische Mittel der 10 Zahlen ist eine Schätzung für die gesuchte Größe.
b. Ermittle mit einem Baumdiagramm folgende Wahrscheinlichkeiten,
  A bereits im ersten Wurf eine 3 zu haben.
  B im zweiten Wurf erstmals eine 3 zu haben.
  C im dritten Wurf erstmals eine 3 zu haben.
c. Wie viele Würfe braucht man im Mittel theoretisch, bis erstmals die 3 erscheint?

Wahrscheinlichkeiten für Geburten

7 Jungengeburten sind in Europa leicht häufiger als Mädchengeburten (etwa 0,517 zu 0,483). In der folgenden Tabelle sind von 20 zufällig ausgewählten Familien mit vier Kindern die Geschlechter in der Reihenfolge ihrer Geburt aufgeführt.

M	M	J	J	J	M	M	M	J	M	M	M	M	M	J	J	M	M	M	M
J	J	M	J	J	M	J	M	J	M	J	M	J	J	M	J	J	M	M	J
J	J	M	J	M	J	J	J	M	M	J	M	J	J	J	M	J	J	M	M
M	M	M	M	M	J	J	M	J	M	M	J	J	J	J	J	J	M	M	J

a. Zähle aus, wie oft 0, 1, 2, 3, 4 Kinder einer Familie Mädchen sind. Erstelle eine Tabelle und ein Säulendiagramm.
b. Berechne mithilfe eines Baumdiagramms, wie oft bei 20 Familien mit vier Kindern theoretisch 0, 1, 2, 3 und 4 Mädchen zu erwarten sind.

9 Wurzeln

Der Graph von $\sqrt{x}$

1 Bestimme Zahlenpaare (x | y), welche die Gleichung $y = \sqrt{x}$ erfüllen. Übertrage die beiden Koordinatensysteme in dein Heft und zeichne die entsprechenden Punkte ein. Finde weitere Zahlenpaare und verbinde die Punkte zu einem Graphen. Erstelle eine Wertetabelle. Ist die Zuordnung proportional? Begründe!

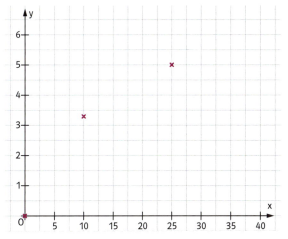
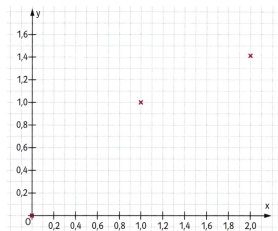

2

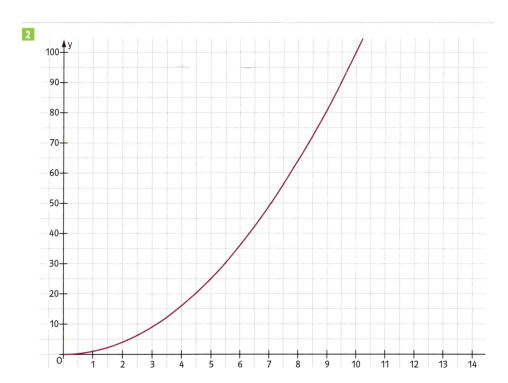

a. Überprüfe: „Die Punkte (x | y) auf dem Graphen erfüllen die Gleichung $y = x^2$."
b. Lies folgende Werte ungefähr ab: 5^2; $4{,}75^2$; $4{,}5^2$; $4{,}25^2$; 4^2; $3{,}75^2$; $3{,}5^2$.
c. Lies auch diese Werte ungefähr ab: $\sqrt{100}$; $\sqrt{90}$; $\sqrt{80}$; $\sqrt{70}$; $\sqrt{60}$.

Rechenoperation und Umkehroperation

3 Zu jeder Rechenoperation gibt es eine Umkehroperation. Übertrage die Tabelle in dein Heft und fülle sie aus.

Operation	Beispiel	Umkehroperation	Beispiel
Addition	13 + 15 = 28	Subtraktion	28 − 15 = 13
Multiplikation			
		Wurzelziehen	

81

9 Wurzeln

Rechnen mit Wurzeln

4 Berechne ohne Taschenrechner.
a. 2^2 $(2^2)^2$ $(2^3)^2$ $(2^4)^2$ $(2^5)^2$ $(2^x)^2$
b. $(\sqrt{2})^2$ 2^2 $(2\sqrt{2})^2$ $(\sqrt{8})^2$ $(2\sqrt{4})^2$ $(4\sqrt{2})^2$
c. $\sqrt{10^2}$ $\sqrt{100^2}$ $(10\sqrt{10})^2$ $\sqrt{1000}^2$ $(100\sqrt{10})^2$

5 Überlege, ob die Aussagen richtig oder falsch sind? Kontrolliere danach mit dem Taschenrechner. (Achtung: Dein Taschenrechner rundet.)
a. $\sqrt{4} + \sqrt{9} \stackrel{?}{=} \sqrt{13}$ b. $\sqrt{2{,}25} + \sqrt{2{,}25} \stackrel{?}{=} \sqrt{4{,}5}$
c. $\sqrt{400} - \sqrt{100} \stackrel{?}{=} \sqrt{100}$ d. $\sqrt{8} - \sqrt{2} \stackrel{?}{=} \sqrt{2}$
e. $\sqrt{1} - \sqrt{\tfrac{1}{4}} \stackrel{?}{=} \sqrt{\tfrac{1}{4}}$ f. $\sqrt{1} + \sqrt{1} \stackrel{?}{=} \sqrt{4}$
g. $\sqrt{25} + \sqrt{25} \stackrel{?}{=} \sqrt{100}$ h. $\sqrt{0{,}5} + \sqrt{0{,}5} \stackrel{?}{=} \sqrt{2}$

6 Immer drei Terme in einer Zeile haben den gleichen Wert. Notiere sie.
a. $\sqrt{16}$ $16 : \sqrt{16}$ $16 - \sqrt{16}$ $\sqrt{8} \cdot \sqrt{2}$
b. $\sqrt{8}$ $8 : \sqrt{8}$ $\sqrt{4} \cdot 2$ $\sqrt{2} \cdot 2$
c. $\sqrt{2}$ $\sqrt{1} + \sqrt{1}$ $2 : \sqrt{2}$ $1 : \sqrt{0{,}5}$
d. $10 : \sqrt{10}$ $\sqrt{10}$ $\sqrt{2} \cdot \sqrt{5}$ $\sqrt{2} + \sqrt{5}$

Rechengesetze für das Rechnen mit Wurzeln

7 Formuliere mit den Erkenntnissen aus den Aufgaben 4 bis 6 Rechengesetze für das Rechnen mit Wurzeln.

Beispiel: Die Gleichung $\sqrt{a} + \sqrt{b} = \sqrt{a+b}$ stimmt nicht.
(Ausnahmen: a = 0 oder b = 0).

8 Bestimme mithilfe des Graphen in Aufgabe 2.
a. $\sqrt{1500} = \sqrt{100} \cdot \sqrt{15}$ $\sqrt{3000}$ $\sqrt{600}$.
b. $\sqrt{0{,}2} = \sqrt{20} : \sqrt{100}$ $\sqrt{0{,}4}$ $\sqrt{0{,}8}$.

Teilweises Wurzelziehen

9 Der Radikand lässt sich manchmal so schreiben, dass man die Wurzel mindestens aus einem der Faktoren bestimmen kann: $\sqrt{75} = \sqrt{25 \cdot 3} = \sqrt{25} \cdot \sqrt{3} = 5\sqrt{3}$.
Berechne so:
a. $\sqrt{24}$ b. $\sqrt{288}$
c. $\sqrt{72}$ d. $\sqrt{192}$
e. $\sqrt{175}$ f. $\sqrt{90}$
g. $\sqrt{200}$ h. $\sqrt{176}$
i. Notiere selbst drei weitere Beispiele und berechne.

Heron-Verfahren

10 Berechne mithilfe einer Tabellenkalkulation mit dem Heron-Verfahren $\sqrt{7}$ auf 5 Nachkommastallen genau.
a. Verwende 1 als Startwert.
b. Startwert 3.
c. Startwert 7.

11 Berechne mithilfe einer Tabellenkalkulation mit dem Heron-Verfahren $\sqrt{5}$ auf 3 (5; 7) Nachkommastellen genau. Wovon hängt das Ende eines Heron-Verfahrens ab?

12 Leon hat beschlossen bei jedem Heron-Verfahren mit dem Startwert 1 zu beginnen. Ist das vorteilhaft? Begründe mit zwei bis drei Beispielen.

Training – Wurzeln

Ohne Taschenrechner

1 Welche der Zahlen 101, ..., 200 haben als Wurzel eine natürliche Zahl?

Beispiel: $\sqrt{100} = 10$. 10 ist natürlich.

2 Immer drei Terme in einer Zeile haben den gleichen Wert. Bestimme sie.

a. $\sqrt{25} - \sqrt{9}$ $\sqrt{25-9}$ $\sqrt{16}$ $16 : \sqrt{16}$ $\sqrt{64} : \sqrt{16}$

b. $\sqrt{200} : \sqrt{2}$ $\sqrt{100}$ $\sqrt{50} + \sqrt{50}$ $\sqrt{3600} : \sqrt{36}$ $10\sqrt{10}$

c. $\sqrt{60}$ $\sqrt{4} \cdot \sqrt{15}$ $\sqrt{120} : 2$ $\sqrt{2} \cdot \sqrt{30}$ $\sqrt{44} + \sqrt{16}$

3 Berechne die Wurzeln im Kopf.

a. $\sqrt{9}$ $\sqrt{900}$ $\sqrt{90\,000}$ $\sqrt{9\,000\,000}$ $\sqrt{900\,000\,000}$

b. $\sqrt{4}$ $\sqrt{0{,}04}$ $\sqrt{0{,}0004}$ $\sqrt{0{,}000\,004}$ $\sqrt{0{,}000\,000\,04}$

c. $\sqrt{0{,}04}$ $\sqrt{0{,}09}$ $\sqrt{0{,}16}$ $\sqrt{0{,}25}$ $\sqrt{0{,}36}$ $\sqrt{0{,}49}$

d. $\sqrt{0{,}81}$ $\sqrt{1}$ $\sqrt{1{,}21}$ $\sqrt{1{,}44}$ $\sqrt{2{,}25}$ $\sqrt{2{,}56}$

4 Ziehe die Wurzel aus diesen Zahlen und Termen.

$\sqrt{2^2}$ $\sqrt{5^2}$ $\sqrt{7^2}$ $\sqrt{100^2}$ $\sqrt{122^2}$ $\sqrt{169^4}$

$\sqrt{2^4}$ $\sqrt{5^4}$ $\sqrt{7^6}$ $\sqrt{10^8}$ $\sqrt{13^{12}}$ $\sqrt{(4^2)^2}$

$\sqrt{2a^2}$ $\sqrt{(2a^2)}$ $\sqrt{4a^4}$ $\sqrt{100a^2}$ $\sqrt{200a^6}$ $\sqrt{(3^2a^2)^2}$

5 Ziehe die Wurzel aus folgenden Zahlen und Termen. Benutze gegebenenfalls den Taschenrechner zur Kontrolle.

Beispiele: $\sqrt{2^4} = \sqrt{2 \cdot 2 \cdot 2 \cdot 2} = 2 \cdot 2$
$\sqrt{4x^4} = \sqrt{2x^2 \cdot 2x^2} = 2x^2$

a. $\sqrt{10^2}$ $\sqrt{10^4}$ $\sqrt{10^6}$ $\sqrt{10^8}$

b. $\sqrt{2^6}$ $\sqrt{6^2}$ $\sqrt{3^4}$ $\sqrt{4^3}$

c. $\sqrt{2^2}$ $\sqrt{2^6}$ $\sqrt{2^8}$ $\sqrt{2^{10}}$

d. $\sqrt{a^2}$ $\sqrt{4a^2}$ $\sqrt{(4a)^4}$ $\sqrt{25a^2b^2}$

Teilweises Wurzelziehen

6 Berechne.

a. $\sqrt{4a}$ b. $\sqrt{3a^2}$ c. $\sqrt{a^3}$

d. $\sqrt{18a^2}$ e. $\sqrt{50a^3}$ f. $\sqrt{a^2b^3}$

g. $\sqrt{80a^2}$ h. $\sqrt{200a^4b^3}$

7 Schreibe als eine Wurzel.

a. $3\sqrt{2}$ b. $5\sqrt{5}$ c. $a\sqrt{a}$

d. $3ab^2\sqrt{2}$ e. $5a\sqrt{40}$ f. $a^2b\sqrt{ab^3}$

g. $13\sqrt{3}$ h. $25a\sqrt{40b}$

8 Schreibe als eine Wurzel und berechne. Gib, falls nötig, einschränkende Bedingungen an.

a. $3\sqrt{\dfrac{2}{3}}$ b. $2a\sqrt{\dfrac{5}{a^2}}$ c. $\dfrac{5a}{\sqrt{a^3}}$

d. $ab^2c^3 \cdot \dfrac{5b^2}{\sqrt{a^2bc^6}}$ e. $\sqrt{25ab^2} \cdot \dfrac{2a}{\sqrt{5a^3b}}$

Lösungen ab Seite 117

11 Schattenbilder und Schrägbilder

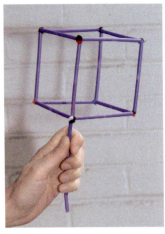

1 Baue ein Stabmodell eines Würfels, eines Tetraeders und eines Oktaeders. Auf dem Foto siehst du eine Möglichkeit. Einfach und stabil geht das mit Strohhalmen, die in den Ecken durch Winkel aus Pfeifenreinigern verbunden sind. Wenn du in Klasse 7 die Platonischen Körper mit Eckenhütchen gebastelt hast, kannst du auch damit arbeiten. Welche der Schattenbilder kannst du mit welchem Modell erzeugen?

A1   A2   A3

B1   B2   B3   B4

 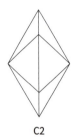  
C1   C2   C3   C4

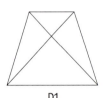 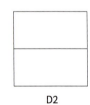 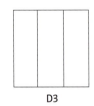 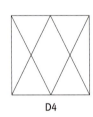
D1   D2   D3   D4

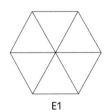 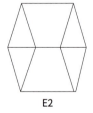 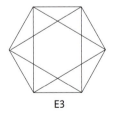
E1   E2   E3

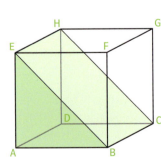

2 Ein Würfel mit der Kantenlänge 6 cm wird gemäß der Abbildung halbiert. Zeichne ein Netz des halben Würfels.

3 Hier siehst du die Schrägbilder aller 8 möglichen Vierlinge. Stelle dir einen eigenen Bausatz her.

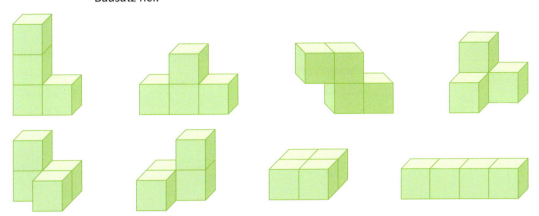

a. Es ist unmöglich, mit zwei verschiedenen Vierlingen einen Würfel mit der Kantenlänge 2 zusammenzustellen. Begründe dies für jedes der acht Teile einzeln.
b. Wie viele Vierlinge benötigst du, um einen Vierling in doppelter Größe nachzubauen? Begründe! Baue einen der Vierlinge in doppelter Größe nach.
c. Baue einen Quader der Höhe 8 über einer 2×2-Grundfläche.
d. Erzeuge einen weiteren Quader der Höhe 3, 4, 5, 6 oder 7 über einer 2×2-Grundfläche.

4 Es gibt mehrere Möglichkeiten, eine Bauanleitung zu erstellen, mit deren Hilfe jemand anders die Figur nachbauen kann. Du kannst z.B. ein Schrägbild mit geeigneter Färbung zeichnen oder einen schrittweisen Bauplan aus mehreren Schrägbildern. Eine weitere Möglichkeit ist eine sogenannte Emulationsanleitung, bei der die Bauteile passend zum Zusammenstecken angeordnet sind. Hier siehst du dies am Beispiel einer Treppe aus 5 Vierlingen; die Bausteine sind eine „Platte", zwei T, ein S und ein I).

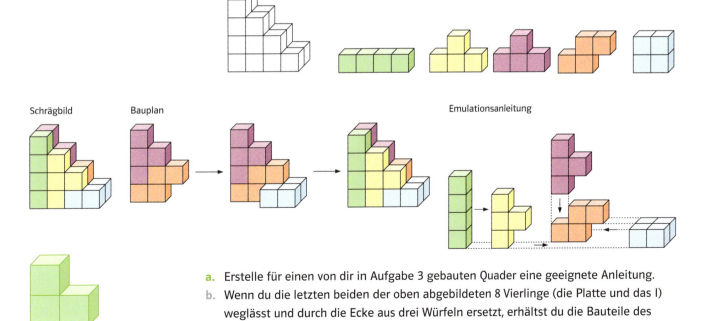

a. Erstelle für einen von dir in Aufgabe 3 gebauten Quader eine geeignete Anleitung.
b. Wenn du die letzten beiden der oben abgebildeten 8 Vierlinge (die Platte und das I) weglässt und durch die Ecke aus drei Würfeln ersetzt, erhältst du die Bauteile des sogenannten Soma-Würfels.
Baue einen Somawürfel und fertige eine Emulationsanleitung an.

12 Steuern und Abgaben

1 In den meisten Ländern werden für bestimmte Produkte reduzierte Mehrwertsteuersätze erhoben, um das Existenzminimum der Bürger zu schützen oder um bestimmte Einrichtungen zu fördern.
Unten siehst du die grafische Darstellung der verschiedenen Mehrwertsteuersätze eines Landes.

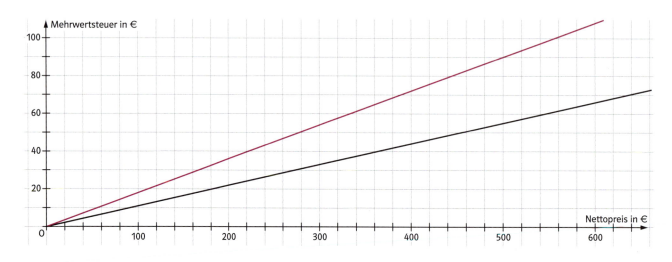

a. Gib den regulären und reduzierten Mehrwertsteuersatz des dargestellten Landes an und erstelle eine Tabelle aus der die Höhe der regulären und reduzierten Mehrwertsteuer bei den Nettopreisen 75 €, 200 €, 350 €, 421 €, 450 € zu entnehmen ist.

b. Erstelle eine Tabelle aus der die Nettopreise zu erkennen sind, wenn bei regulärem Mehrwertsteuersatz 60 €, 78 €, 35 €, 120 €, 275 € Mehrwertsteuer erhoben werden. Gib die zugehörige Zuordnungsvorschrift an.

 c. Erstelle mit dem Funktionsplotter oder dem GTR das Schaubild zu Teilaufgabe b.

2 In einem Land berechnet sich die Einkommensteuer in den genannten Bereichen wie folgt: bis 20 000 € steuerfrei, bis 40 000 € dann 15 %, bis 60 000 € schon 30 % und über 60 000 sogar 45 %.

a. Übertrage die Tabelle in dein Heft und fülle sie aus.

Bruttolohn in €	Einkommensteuer in €	Einkommensteuer in %
45 820		
	4342	15
123 500		
	16 666	
		34

 b. Schreibe ein Tabellenkalkulationsprogramm, das nach Eingabe des Einkommens automatisch den richtigen Prozentsatz und die zu zahlende Einkommensteuer anzeigt.

c. Stelle mit dem Funktionenplotter die Abhängigkeit der Einkommensteuer vom Einkommen grafisch dar.

T2 Teste dich selbst

Bist du bei der Bearbeitung der Aufgaben sicher? Notiere jeweils deine Einschätzung.
☺ Da bin ich sicher. Das kann ich.
😐 Da bin ich unsicher. Das werde ich weiter üben.
☹ Das kann ich nicht. Hier brauche ich Hilfe.

1 Gegeben sind die Geraden mit den Gleichungen g_1: $y = -0{,}75\,x + 6$ und g_2: $y = 0{,}2\,x + 2{,}2$. Berechne die Koordinaten des Schnittpunkts.

2 Eine Gerade mit der Steigung -2 schneidet die x-Achse im Punkt $P\left(\frac{7}{8}\,\middle|\,0\right)$. Wo schneidet sie die y-Achse?

3

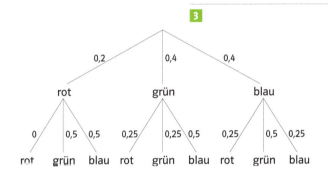

In einer Schachtel liegen verschiedenfarbige Zettel. Das Baumdiagramm veranschaulicht durchgeführte Zufallsexperimente.
Entscheide, ob die folgenden Aussagen richtig oder falsch sind. Begründe.

- **A** In der Schachtel befinden sich anfangs rote, blaue und grüne Zettel.
- **B** Am Anfang sind 40% der Zettel in der Schachtel blau.
- **C** Das Baumdiagramm zeigt drei durchgeführte Zufallsexperimente.
- **D** In der Schachtel befinden sich am Anfang genau so viele blaue wie grüne Zettel.
- **E** Nach dem ersten Ziehen wurde der Zettel zurückgelegt.
- **F** Aus der Schachtel wird zweimal ein Zettel gezogen.
- **G** In der Schachtel befinden sich anfangs genau zwei rote Zettel.
- **H** In der Schachtel befinden sich anfangs fünf Zettel (ein roter, zwei blaue und zwei grüne).
- **I** Die Wahrscheinlichkeit, keinen blauen Zettel zu ziehen, beträgt 0,3.

4 Zwischen welchen natürlichen Zahlen liegt $\sqrt{90}$?

5 Berechne ohne Taschenrechner mithilfe der Rechengesetze für Wurzeln.
a. $\sqrt{225}$ b. $\sqrt{12100}$ c. $\sqrt{0{,}000009}$ d. $\sqrt{180}$ e. $(3\sqrt{3})^2$ f. $(\sqrt{8})^3$

6 Berechne ohne Taschenrechner. Gib das Ergebnis gegebenenfalls auch als Wurzel an.
a. $\sqrt{27} - 2\sqrt{3}$ b. $\sqrt{3} \cdot \sqrt{27}$ c. $\frac{\sqrt{72}}{\sqrt{8}}$ d. $\sqrt{3} \cdot (\sqrt{27} - \sqrt{12})$ e. $\sqrt{128}$

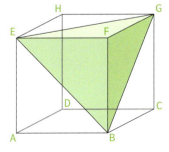

7 Von einem Würfel mit der Kantenlänge 3 cm wird eine Pyramide abgeschnitten. Zeichne ein Netz dieser Pyramide.

8 Jessica lädt zu ihrem Geburtstag ihre Freundinnen zum Essen und Trinken in ein Schnellrestaurant ein. Dort gibt sie eine Bestellung für 46,80 € auf. Wenn die Mädchen ihr Essen mitnehmen, muss das Restaurant nur den reduzierten Mehrwertsteuersatz (7%) an das Finanzamt abführen. Falls die Mädchen aber im Restaurant essen, wird der reguläre Mehrwertsteuersatz (19%) fällig. Wie viel Geld verdient das Restaurant mehr, wenn die Mädchen ihre Speisen mitnehmen?

Lösungen ab Seite 120

13 Faktorisieren

3a²	ab
6ac	2bc

1 Zeige an der Figur auf dem Rand, dass die Termumformungen richtig sind, und beschrifte die Figur entsprechend.
$3 \cdot a^2 + a \cdot b + 6 a \cdot c + 2 \cdot b \cdot c$
$= a \cdot (3a + b) + 2 \cdot c \cdot (3a + b)$
$= (a + 2c) \cdot (3a + b)$

2 Zeichne zu jedem Term eine passende Figur. Stelle den Term als Produkt dar und zeige die Faktoren am Rechteck.

Beispiel: $3x^2 + 2xy = x(3x + 2y)$

3x²	2xy	x
3x	2y	

a. $25x^2 + 10xy$
b. $6x^2 + 3xy + 9x$
c. $20x^2 + 8xy - 12x$

3 Faktorisiere diese Terme jeweils mithilfe einer binomischen Formel. Veranschauliche sie anhand von Rechteckflächen.
a. $x^2 + 2xy + y^2$ b. $36a^2 + 12ab + b^2$ c. $81z^2 + 18z + 1$

4 Faktorisiere und stelle diese Terme jeweils als Rechteck dar.
a. $a^2 + 3a + 2$ b. $z^2 + 20z + 64$ c. $u^2 + 5u + 4$ d. $12 + 7b + b^2$

5 Behauptung: Der Weg von P nach Q entlang des großen Halbkreises ist genau so lang wie der Weg entlang der beiden kleineren Halbkreise.

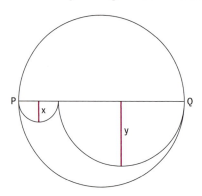

a. Zeige, dass diese Behauptung stimmt. Beschreibe die Weglängen mit Termen.
b. Zeige, dass die Weglänge immer noch gleich lang ist, wenn drei verschieden große Halbkreise von P nach Q führen.
c. Zeige, dass die Weglänge unabhängig von der Anzahl Halbkreise ist.

6 Behauptung: Wenn Halbkreise ein Rechteck einschließen, so haben diese Halbkreise zusammen die Länge $u = \pi$ mal halber Rechteckumfang oder $u = \pi \cdot (a + b)$.
a. Zeige, dass diese Behauptung stimmt.
b. Stimmt die Behauptung auch, wenn die Halbkreise ein Quadrat umschließen?
c. Wie ist es bei einem Dreieck?
d. Wie ist es bei einem Parallelogramm?

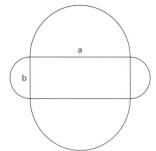

Training – Terme

Beispiel:
$30^2 = 900$,
also: $31^2 = (30 + 1)^2$
$= 30^2 + 2 \cdot 30 \cdot 1 + 1^2$
$= 900 + 60 + 1 = 961$
oder
$29^2 = (30 - 1)^2$
$= 30^2 - 2 \cdot 30 \cdot 1 + 1^2$
$= 900 - 60 + 1 = 841$

1 Berechne Quadrate von Zahlen, die nahe bei einer Zehnerzahl liegen.
a. Berechne so: 41^2; 59^2; 71^2; 99^2; 52^2; 102^2; 97^2
b. Suche weitere Beispiele und berechne sie.

2 Berechne Produkte von zwei Zahlen, deren Durchschnitt eine Zehnerzahl ist.

Beispiel: $31 \cdot 29 = (30 + 1)(30 - 1) = 30^2 - 1^2 = 900 - 1 = 899$

a. Berechne genauso: $51 \cdot 49$; $79 \cdot 81$; $21 \cdot 19$; $101 \cdot 99$; $92 \cdot 88$
b. Suche weitere Beispiele und berechne sie.

3
a. Berechne: $(20 + 1)^2$; $(30 - 1)^2$; $(100 - 1)(100 + 1)$; $(50 - 2)(50 + 2)$; 102^2
b. Berechne: $(x + y)^2$; $(c - d)^2$; $(2x + y)(2x - y)$; $(3x + 5y)^2$; $(5a - 2b)(5a + 2b)$
c. Faktorisiere mithilfe der binomischen Formeln.
   I $9a^2 + 6ac + c^2 = (\ldots + \ldots)^2$ II $4 - 20v + 25v^2$ III $9 - 16w^2$
   IV $0{,}36p^2 + 1{,}2pq + q^2$ V $81a^2 - 49b^2$

4 Löse diese Gleichungen.
a. $(x + 2)(2x - 9) + (x + 3)^2 = (2x - 1)^2 - (x + 5)(x - 5)$
b. $4(18x^2 - 9) + 2 = 2(7 - 6x)(7 + 6x)$
c. $(x + 1)^2 + (x + 4)^2 + (x - 5)^2 = 3x(x + 2) - 1$
d. $(9x - 2)^2 = (2 - 9x)^2$

Beispiel:
$14b^2c - 2c = 2c \cdot (7b^2 - 1)$

5 Klammere aus, wo es geht.
a. $8a + 8b$ b. $6x - 10y$ c. $4ax - 12bx$ d. $5x + 7y$
e. $9x^2 + 6xy$ f. $9x^2 - 3xy$ g. $9x^2 - 7y$ h. $9x^2 + 3x$

Beispiel:
$\dfrac{3a^2 - 4a}{a} = \dfrac{a(3a - 4)}{a}$
$= 3a - 4$

6 Klammere aus und kürze, wo es geht.
a. $\dfrac{xy + xy}{y}$ b. $\dfrac{12x^2y - 4xy^2}{4xy}$
$\dfrac{6t - 9t^2}{3t}$ $\dfrac{5a^2x - 20ax}{10ax}$
$\dfrac{5w^3 + 10w^2}{5w^2}$ $\dfrac{5u}{3t - 2t^2}$

7 Diese Terme lassen sich durch «Aufspalten» faktorisieren. (Vergleiche mit Aufgabe 4.)

Beispiel: $x^2 + 3x + 2 = (x + 1)(x + 2)$

a. $x^2 - 3x + 2$ b. $x^2 - 4x + 3$ c. $a^2 + 8a + 7$
   $x^2 + x - 2$ $a^2 + 12a + 20$ $a^2 + 6a - 7$
   $x^2 - x - 2$ $b^2 + 16b + 15$ $a^2 - 6a - 7$
   $x^2 + 2x - 3$ $y^2 - 8y - 33$ $a^2 - 8a + 7$

8 Faktorisiere diese Terme. Bei einem Term ist das nicht möglich.
a. $7x + 7y$ b. $100m^2 - 49n^2$ c. $36a^2 - b^2$ d. $33a^2 + 22ab + 11b^2$
   $ma - m$ $x^2 + 3x - 4$ $x^2 + 2x - 8$ $y^2 + 2y + 1$
   $64x^2 - y^2$ $a^2 - 10a + 25$ $4p^2 + 4pq + q^2$ $4a^2 + 2a + 1$
   $7x + 14y - 21$ $1 - r^2$ $1 + 12y + 36y^2$ $121x^2 - 44xy + 4y^2$
   $x^2 + 18x + 81$ $x^2 + 6x + 8$ $x^2 + 3x + 4$ $a^2 + a + 0{,}25$

Lösungen ab Seite 118

14 Zahlenfolgen

Differenzenmethode

```
-2   -3   -2    1    6  …
   -1    1    3    5  …
      2    2    2  …
```

Folgenterme

Eine Folge heißt **explizit definiert**, wenn sich die Folgenwerte durch Einsetzen in die Formel direkt berechnen lassen.
Eine Folge heißt **rekursiv definiert**, wenn sich die Folgenwerte aus Vorgängerwerten berechnen lassen.

Fibonacci-Zahlen

Beispiel für den Zaubertrick mit den Startzahlen 3 und 7:

1. Zahl	3
2. Zahl	7
3. Zahl	10
4. Zahl	17
5. Zahl	27
6. Zahl	44
7. Zahl	71
8. Zahl	115
9. Zahl	186
10. Zahl	301

1 Diese Methode hilft oft dabei, Zahlenfolgen fortzusetzen. Dabei werden jeweils Differenzen benachbarter Zahlen gebildet, anschließend die Differenzen der benachbarten Differenzen usw. Links siehst du ein Beispiel.
a. Notiere die ersten 8 Quadratzahlen. Bilde die Differenzenfolgen. Was stellst du fest?
b. Wiederhole das Verfahren bei den Kubikzahlen $1^3, 2^3, 3^3, 4^3$ …
c. Was ergibt sich bei den Zahlenfolgen $1^4, 2^4, 3^4, 4^4, 5^4$ … und $1^5, 2^5, 3^5, 4^5, 5^5$ …?

2
a. Die Zahlen einer Folge werden nach dem Term $f_n = 2n - 1$ berechnet. Notiere die ersten zehn Folgenglieder. Gib f_{100} an.
b. Eine andere Folge wird duch $f_1 = 3$; $f_n = f_{n-1} + 2n$ definiert. Gib die ersten zehn Folgenglieder an.
c. Gib für die Folge in a. einen rekursiven Folgenterm und für die Folge in b. einen expliziten Folgenterm an. Die Begriffe werden auf der Randspalte erklärt.

3 Setze die Folgen durch jeweils drei Zahlen fort. Gib für jede Folge eine explizite und eine rekursive Folgenvorschrift an.
a. 9, 13, 17, 21, 25 …
b. 2, 6, 12, 20, 30, 42 …
c. $\frac{1}{2}, \frac{4}{7}, \frac{5}{8}, \frac{2}{3}, \frac{7}{10}$ …
d. −1, 2, 7, 14, 23, 34 …
e. 5, 23, 59, 119, 209 …
f. 2, 1, 4, 3, 6, 5, 8 …
g. Vergleiche die explizite und die rekursive Folgendefinition. Welche Vor- und Nachteile haben die beiden Beschreibungen?

4
a. Schreibe die ersten 10 Fibonacci-Zahlen auf. Bilde bei dieser Folge die Differenzen benachbarter Zahlen. Was stellst du fest?
b. Berechne die Quotienten benachbarter Fibonacci-Zahlen: $\frac{1}{1}, \frac{2}{1}, \frac{3}{2}, \frac{5}{3}, \frac{8}{5}$ …
Notiere deine Beobachtungen.
c. Berechne für verschiedene Fibonaccizahlen den Term $f_n^2 - f_{n-1} \cdot f_{n+1}$. Was stellst du fest? Begründe, warum dieser Term nie Null sein kann.

5 Im Bild von Eugen Jost in der Lernumgebung steht unter der Fibonacci-Folge das Wort „Girasole". Dies ist der Titel eines weiteren Bildes dieses Künstlers. Es zeigt eine Anordnung von Quadraten. Recherchiere das Bild im Netz und drucke es aus.
a. Worin besteht der Zusammenhang zwischen den Quadraten und den Fibonacci-Zahlen?
b. In dem Bild findest du viele Rechtecke, die aus mehreren Quadraten bestehen. Gib die Seitenlängen von vier verschieden großen Rechtecken an.
c. Gibt es in diesem Bild ähnliche Rechtecke? Begründe.

6 Ein Zaubertrick mit Fibonacci-Zahlen
Sarah bittet Patrick, sich zwei Zahlen auszudenken und verdeckt aufzuschreiben und dann acht weitere Zahlen nach dem Fibonacci-Prinzip zu berechnen. Patrick soll dann die siebte Zahl nennen und anschließend die zehn Zahlen addieren. Noch bevor Patrick fertig ist, nennt Sarah die richtige Summe.
a. Sarah erklärt, wie sie das Ergebnis so schnell findet: Sie multipliziert die 7. Zahl mit 11. Führe den Trick mehrmals mit verschiedenen Startzahlen durch. Hat Sarah recht?
b. Warum ist das so? Begründe.

15 Eindeutig Funktionen

Funktion oder keine? Das ist hier die Frage.

1 Welche der folgenden Graphen sind Funktionsgraphen? Begründe.

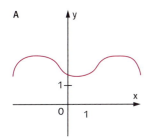 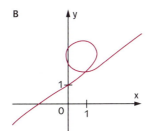 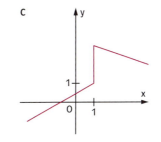 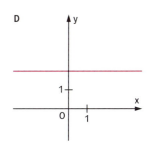

2 Stellt die Wertetabelle eine Funktion dar? Begründe deine Entscheidung.
Gib gegebenenfalls den Funktionsterm an.

a.
x	y
−2	−4
−1	−4
0	−4
1	−4
2	−4
3	−4

b.
x	y
0	0
1	1
2	1,414…
3	1,732…
4	2

c.
x	y
−2	2
−1	1
0	0
1	1
2	2

> Der Graph der Funktion f: $x \mapsto \frac{1}{x}$ heißt **Hyperbel**.

Funktionsterme gesucht

3 Zeichne den Graphen der Funktion $f(x) = \frac{1}{x}$ mithilfe einer Wertetabelle.

4 Ein Rechteck hat einen Umfang von 28 cm. Der Länge der einen Rechteckseite wird die Länge der anderen Rechteckseite zugeordnet.
a. Notiere einige Zahlbeispiele.
b. Wie lautet der Funktionsterm zu dieser Zuordnung?
c. Zeichne den Graphen zu dieser Funktion. Welcher Funktionstyp liegt vor?

Zuordnung A
x	↦	y
−3	↦	−5
−2	↦	−3
−1	↦	−1
0	↦	1
…		

5 Notiere je zwei Funktionsterme von Funktionen,
a. die linear sind und deren Graph die Steigung 4 hat.
b. die proportional sind und deren Graphen negative Steigungen haben.
c. die antiproportional sind.

Zuordnung B
x	↦	y
1	↦	3
2	↦	$\frac{3}{2}$
3	↦	1
4	↦	$\frac{3}{4}$
…		

6 Gib je drei weitere Zahlbeispiele für die Zuordnungen A bis C auf dem Rand an.
Handelt es sich um eine lineare, proportionale oder antiproportionale Zuordnung?
Begründe. Stelle jeweils den Funktionsterm auf.

7 Gib je eine Situation an, die sich mithilfe einer linearen, einer proportionalen und einer antiproportionalen Zuordnung beschreiben lässt.

Zuordnung C
x	↦	y
1	↦	$\frac{1}{2}$
2	↦	1
3	↦	$\frac{3}{2}$
4	↦	2
…		

Punktprobe

8 Gegeben ist der Punkt P(3 | 2).
a. Für welche der folgenden Funktionen liegt der Punkt P auf dem Graphen?
$f(x) = 2x − 4$ $g(x) = 5$ $h(x) = \frac{3}{x}$ $i(x) = \frac{2}{3}x$ $k(x) = 2x^2 − 2x − 10$
b. P liegt auf dem Graphen der linearen Funktion $f(x) = \frac{1}{3}x + c$. Bestimme c.

16 Handytarife

1 Wenn man sein Telefonierverhalten gut einschätzen kann, lassen sich die monatlichen Kosten schnell mithilfe einer Tabellenkalkulation berechnen.
a. Erkläre die unten aufgeführte Tabellenkalkulation zum Tarif *Q-Phone Personal*.
b. Erfinde einen Telefontarif, der „Wenigtelefonierer" und einen der „Vieltelefonierer" benachteiligt.
c. Stelle beide Telefontarife in einer Tabellenkalkulation gegenüber und zeige anhand von selbst gewählten Beispielen die Benachteiligung.
d. Wie lange kann man mit deinen beiden Tarifen für 40 € telefonieren.

	A	B	C
1	Q-Phone Personal		
2	Grundgebühr		20,00
3	Q-Phone & Festnetz (min)	30,50	12,20
4	Andere Mobilnetze (min)	19,50	11,70
5	SMS Q-Phone	29	4,35
6	SMS andere	47	11,75
8	Rechnungsbetrag		60,00

	A	B	C
1	Q-Phone Personal		
2	Grundgebühr		20
3	Q-Phone & Festnetz (min)	30,50	=B3*0,4
4	Andere Mobilnetze (min)	19,50	=B4*0,6
5	SMS Q-Phone	29	=B5*0,15
6	SMS andere	47	=B6*0,25
8	Rechnungsbetrag		=SUMME(C2:C7)

2 Jule möchte auch im Urlaub in Spanien für ihre Freundinnen und Freunde auf dem Handy erreichbar sein. Da sie gehört hat, dass die Gesprächspreise im Ausland höher sind als zu Hause und auch eingehende Anrufe für sie Kosten verursachen, hat sie im Internet folgende Möglichkeiten recherchiert:

A: Sie nutzt ihr Vertragshandy weiter und bezahlt für jeden ausgehenden Anruf 75 ct zuzüglich 30 ct pro Minute. Jeder eingehende Anruf kostet sie 0,75 ct bis zur 60. Minute, ab der 61. Minute muss sie 20 ct / Minute zusätzlich bezahlen.

B: Sie kauft sich für 19,90 € eine spanische SIM-Karte mit 10 € Guthaben, mit der sie aus Spanien für 16 ct pro Minute alle ihre Freundinnen und Freunde erreichen kann. Wenn sie angerufen wird, muss sie nichts bezahlen. Für diejenigen, die sie anrufen, wird ein Anruf bei Jule dadurch jedoch teurer.

a. Berechne, wie viele Minuten Jule mit der spanischen SIM-Karte telefonieren kann, bis sie die Karte nachladen muss.
b. Berechne wie viele 5-Minuten-Gespräche Jule für 19,90 € führen kann, wenn sie ihr Vertragshandy weiter nutzt und sie genauso oft angerufen wird, wie sie selbst anruft.
c. Um die Entscheidung zu vereinfachen, geht Jule davon aus, dass sie im Urlaub nur 5-Minuten-Gespräche führen wird und dass sie immer abwechselnd selbst anruft bzw. angerufen wird. Stelle die Kostenentwicklung in Abhängigkeit zur Anzahl der 5-Minuten Gespräche grafisch dar und gib Jule eine Empfehlung.

3 Ist das möglich? Begründe und veranschauliche grafisch.
a. Herr Greifenhagen telefoniert 20 Minuten. Einige Minuten zu 0,20 €/min und einige Minuten zu 0,30 €/min. Frau Bubel telefoniert ebenfalls 20 Minuten. Einige Minuten zu 0,25 €/min und einige Minuten zu 0,35 €/min. Trotzdem bezahlt Herr Greifenhagen für die 20 Minuten mehr.
b. Claudia führt 3 Gespräche. Insgesamt telefoniert sie 20 Minuten und zahlt dafür 11 €. Gespräch 1: 0,45 €/min. Gespräch 2: 0,55 €/min. Gespräch 3: 0,08 €/min.
c. Alex telefoniert zuerst für 0,04 €/min, dann für 0,08 €/min. Er berechnet, dass ihn eine Gesprächsminute im Durchschnitt 0,05 € gekostet hat. Nach einem dritten Gespräch zu 0,55 €/min stellt er fest, dass eine Gesprächsminute nun im Durchschnitt 0,50 € kostete. Erkläre.

17 Gleichungssysteme

1

a. Löse die folgenden Gleichungssysteme im Kopf.

    A $x + y = 3$ B $x + y + z = 15$

        $x + z = 4$ $y + z = 5$

        $y + z = 5$ $x + z = 10$

b. Erkläre, wie du vorgegangen bist.

2 Löse das Gleichungssystem

    I $2x - y = 4$

    II $3x + y = 1$

a. nach dem Einsetzungsverfahren;

b. nach dem Gleichsetzungsverfahren;

c. nach dem Additionsverfahren;

d. grafisch.

3 Löse das Gleichungssystem. Welches Verfahren verwendest du? Begründe.

a. I $x + 2y = 2$ b. I $3x + 4y = 21$ c. I $y = \frac{1}{2}x - 3$

   II $9x + 14y = 64$ II $2x + 2y = 13$ II $y = -\frac{1}{2}x + 3$

d. I $\frac{1}{3}x + 3y = 29$ e. I $3(14 - 5x) - 2y = y + 3$ f. I $2x + 1 = 3y$

   II $3x - \frac{1}{5}y = 11$ II $2(9 - 2x) - y = y + 4$ II $4x - 5y = 0$

g. Welche der Gleichungssysteme lassen sich schnell zeichnerisch lösen? Überprüfe Ihre Lösungen auf diese Art.

4 Gib jeweils ein Gleichungssystem an, welches das vorgegebene Lösungspaar besitzt.

a. $x = 2;\ y = 3$ b. $x = 0{,}5;\ y = 9$ c. $x = -\frac{1}{3};\ y = -1$ d. $x = -0{,}3;\ y = -6$

5 Löse das Gleichungssystem.

a. I $y = 2x + 1$ b. I $y = 3x - 15$ c. I $y + 3x = 7$

   II $y = -x + 10$ II $2y = x + 10$ II $x = y - 3$

d. I $13x - 2y = 20$ e. I $2x + 3y = 0$ f. I $3x + 5y = -30$

   II $2x + y = 7$ II $x = 4y - 11$ II $5x - 3y = 120$

g. I $3x + 4y = 21$ h. I $x + 2y = 2$ i. I $\frac{1}{2}x - 2 = \frac{1}{4}y$

   II $2x + 2y = 13$ II $9x + 14y = 64$ II $\frac{1}{3}x + 6 = 2y$

6 Die beiden Systeme unterscheiden sich kaum, die Lösungen sind aber völlig verschieden. Rechne und suche eine Erklärung.

    A I $1000x + 998y = 1998$ B I $1000x + 998y = 1998$

        II $1002x + 1000y = 2002$ II $1002{,}004x + 1000y = 2002$

Mehr als zwei Gleichungen

7 Hier musst du Gleichungssysteme mit mehr als zwei Gleichungen lösen. Wie gehst du vor?

a. I $x + y = 7$ b. I $13c - b = -1$ c. I $2p - 1 - r = 2$

   II $3z + x + y = 4$ II $a + 2b + c = 14$ II $3q + r = 1$

   III $4y - 7 = 17$ III $\frac{1}{2}a + 5b = 11$ III $7r - 40p = -15$

T3 Teste dich selbst

Bist du bei der Bearbeitung der Aufgaben sicher? Notiere deine Einschätzung jeweils.

☺ Da bin ich sicher. Das kann ich.
😐 Da bin ich unsicher. Das werde ich weiter üben.
☹ Das kann ich nicht. Hier brauche ich Hilfe.

1 Faktorisiere.
a. $\frac{1}{2}r^2 + \frac{3}{4}rs$
b. $0,6ab^2 + 0,9a^2b$
c. $9v^2 - 12vw + 4w^2$
d. $\frac{1}{4}a^2 - \frac{1}{9}b^2$

2
a. Eine Folge hat die rekursive Vorschrift
$m(1) = 1;\ m(n) = 2 \cdot m(n-1) + 1$.
Gib die ersten 6 Folgenglieder an. Gib einen expliziten Term an.
b. Eine Folge ist explizit definiert durch $g(n) = \frac{1}{2} \cdot (3^n - 1)$.
Gib die ersten 6 Folgenglieder an. Finde eine rekursive Beschreibung.

3 Eine zylinderförmige Kerze, die 12 cm hoch ist, brennt pro Stunde 1,3 cm ab.
Betrachte die Zuordnung „Brenndauer → Kerzenhöhe".
a. Erstelle eine Wertetabelle.
b. Zeichne einen Graphen.
c. Handelt es sich um eine Funktion? Begründe und gib ggf. den Funktionsterm an.
d. Ermittle je auf zwei verschiedene Arten: Nach welcher Brenndauer ist die Kerze nur noch 3 cm hoch? Wann ist sie ganz abgebrannt?

4 Die Grafik veranschaulicht die Kostenentwicklung bei einem Telefongespräch ins Ausland. Beschreibe das zugrundeliegende Tarifmodell.

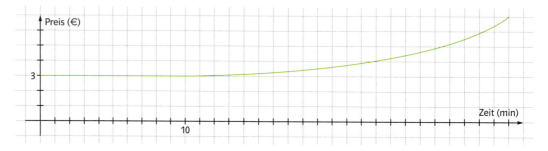

5 Bei der Telefongesellschaft *x-Phone* kostet die erste Minute eines Telefonates nach Australien 75 Cent. Jede weitere Minute kostet 1,5 Cent.
a. Berechne die Kosten für ein 30-Minuten-Gespräch.
b. Eine Marktuntersuchung hat ergeben, dass viele Menschen den Tarif von *x-Phone* nicht nutzen, weil sie der hohe Preis für die erste Minute abschreckt. *x-Phone* möchte daher seinen Tarif so verändern, dass die erste Minute nur noch 30 Cent kostet. Wie teuer müssen die weiteren Minuten werden, damit die Telefongesellschaft bei einem 25-Minuten-Gespräch in Zukunft 15 Cent mehr abrechnen kann als beim alten Tarif? Ab welcher Gesprächsminute ist der neue Tarif teurer?

6 Löse die folgenden Gleichungssysteme.
a. I $3x - 2y = 10$
   II $2x + 5y = 13$
b. I $6x - 5y = 2$
   II $3y = 3x + 2$
c. I $6x + 4y = 9$
   II $\frac{1}{2}x + \frac{1}{3}y = 1$

19 Pythagoras-Parkette

„Figur des Seils"

1 Im chinesischen Buch Zhou Bi Suan Jing (100 v. Chr.) „Figur des Seils" wird folgende Abbildung vorgestellt.

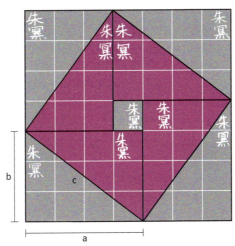

a. Für die Flächeninhalte gilt:
Fläche großes Quadrat = Fläche mittelgroßes Quadrat + Fläche vier Dreiecke
Beschreibe die Gleichung durch Variable und leite durch Umformen dieser Gleichung eine Aussage für die Fläche des mittelgroßen Quadrates her.

b. Gib für die Fläche des mittelgroßen Quadrates noch eine andere Herleitung an.

c. Gib den Flächeninhalt des kleinen Quadrates in der Mitte durch Umformen durch einen Term an, in dem die drei Seitenlängen vorkommen.

2

a. Vergleiche dieses Parkett mit denen in Aufgabe 3 der Lernumgebung. Überprüfe, ob die gleichen Gesetzmäßigkeiten gelten.

b. Bezeichne die kleine Quadratseite mit a. Gib einen Term für den Flächeninhalt des großen Quadrates mit der Seite c an.

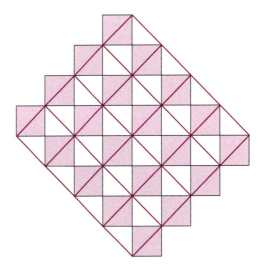

Rechtwinklige Dreiecke mit verschiedenen Seitenlängen

3

a. Die Längen der drei Seiten eines Dreiecks sind a, b und c. Zeige, dass die Dreiecke rechtwinklig sind.
  I   a, b, c sind irrational: $a = \sqrt{2}$, $b = \sqrt{3}$, $c = \sqrt{5}$.
  II a ist natürlich, b und c sind irrational: $a = 2$, $b = \sqrt{3}$, $c = \sqrt{7}$.
  III a und b sind natürlich, c ist irrational: $a = 2$, $b = 3$, $c = \sqrt{13}$.
  IV a, b, c sind natürlich: $a = 7$, $b = 24$, $c = 25$.

b. Finde zu jedem Fall ein eigenes Beispiel.

19 Pythagoras-Parkette

Satz des Pythagoras und seine Umkehrung

4

a. Zeichne mit deiner DGS ein Dreieck mit den drei anliegenden Quadraten. Achte bei der Konstruktion darauf, dass die Quadrate auch beim Verändern des Dreiecks quadratisch bleiben. Lege dieses Mal keinen rechten Winkel fest.
b. Lass das Programm die Winkel des Dreiecks messen.
c. Lass das Programm jeweils die Flächen der Quadrate bestimmen und die Summe der beiden kleineren bilden.

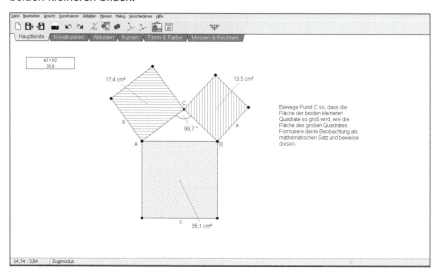

Verschiebe nun eine Ecke des Dreiecks so, dass die Summe der Flächen der kleineren Quadrate genauso groß ist, wie die Fläche des großen Quadrates. Versuche mehrere Möglichkeiten zu finden. Was stellst du fest? Formuliere deine Beobachtung als mathematischen Satz.

d. Was stellst du fest, wenn die Summe der Flächen der kleinen Quadrate nicht so groß ist, wie die Fläche des großen Quadrates?

5

a. Zeichne mit deiner DGS ein rechtwinkliges Dreieck mit den drei anliegenden Quadraten. Achte darauf, dass die Quadrate auch beim Verändern des Dreiecks quadratisch bleiben und darauf, dass der rechte Winkel auch tatsächlich einer bleibt. Das kannst du durch die Befehle „Zeichne eine Senkrechte zu" und „Schlage einen Kreisbogen um" erreichen.
b. Lass das Programm jeweils die Flächen der Quadrate bestimmen und die Summe der beiden kleineren bilden. Was stellst du jetzt fest? Formuliere deine Beobachtung als mathematischen Satz.
c. Erkläre, worin sich dieser Satz von dem Satz aus Aufgabe 4 c. unterscheidet.

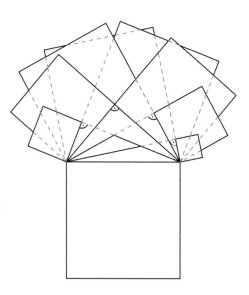

Höhe im Dreieck

6 Berechne die Höhe eines gleichseitigen Dreiecks mit der Seitenlänge 10 cm.

20 Rekordverdächtige Geschwindigkeiten

Geschwindigkeiten umrechnen

1
a. Welches Beispiel aus der Lernumgebung ist in diesem Diagramm dargestellt?

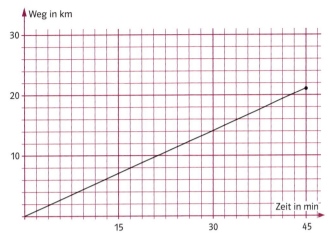

b. Ist das oben gewählte Diagramm geeignet, das Beispiel grafisch darzustellen?
c. Zeichne selbst einen Graphen zu diesem Beispiel und begründe dein Vorgehen.

2 Geschwindigkeiten gibt man meistens in m/s oder in km/h an.
a. Betrachte die beiden Umrechnungen. Wie rechnest du?
b. Erkläre, wie man an diesem Diagramm ablesen kann, wie viel 80 km/h umgerechnet in m/s sind.

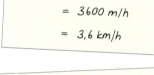

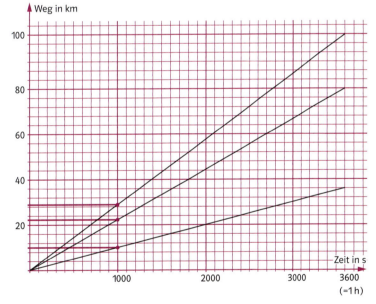

c. Lies weitere umgerechnete Geschwindigkeiten mithilfe des Diagramms ab.
d. Wie musst du rechnen, um die Geschwindigkeiten umzuwandeln?

3 Rechne in die angegebenen Geschwindigkeiten um.
a. Schnelle 100-m-Sprinter laufen mit einer Geschwindigkeit von 10 m/s. (→ km/h)
b. Die Waldschnepfe fliegt mit 1 km in 8 Minuten ausgesprochen langsam. (→ km/h)
c. Schnell wachsende Bambusarten wachsen bis zu 1 m pro Tag. (→ cm/h)
d. Die Mammutbäume in Kalifornien wachsen bis zu 100 m in 1000 Jahren (→ mm/d).
e. Erfinde selbst ähnliche Aufgaben. Tauscht sie in der Klasse untereinander aus.

20 Rekordverdächtige Geschwindigkeiten

Ganz schön schnell – ganz schön langsam

4 • Eine alltägliche, durch Winde und Strömungen verursachte Meereswelle bringt es auf annähernd 25 m/s. Riesige Flutwellen – japanisch: Tsunamis – können 1000 km in 1,5 h zurücklegen. Unterseeische Erdbeben verursachen Wellen auf offener See. Diese sind vorerst kaum spür- und sichtbar. Nähert sich ein Tsunami allerdings der flacheren Küste, so wird der Unterschied zwischen Wellental und Wellenberg bis 40 m hoch.
• Als im August 1999 ein Erdbeben die türkische Stadt Izmir und deren Umgebung mit einer Stärke von 7,4 auf der Richterskala heimsuchte, breitete sich das Erdbeben rasend schnell aus. In Izmir fraß sich der Bruch mit einer hohen Geschwindigkeit durch den Granit. Das Beben tötete 15 000 Menschen, eine halbe Million wurde obdachlos. Als das Beben im Zentrum nach 25 Sekunden vorbei war, waren die schnellsten Wellen unter Abschwächung bereits 100 km vorgedrungen.
• Die rasend schnellen Erdbebenwellen sind kaum mehr als ein Kriechen im Vergleich zur „Bewegung der Erde": Die 936 Millionen Kilometer lange Umlaufbahn um die Sonne schafft die Erde bekanntlich genau einmal im Jahr.
Ein wirklich ruheloser Planet.
Die schnellstmögliche Geschwindigkeit ist die Lichtgeschwindigkeit. Sie beträgt grob 300 000 km/s.

Berechne die durchschnittlichen Geschwindigkeiten aufgrund der Angaben in Text. Gib in km/h an.
• Meereswelle   • Erdbeben in Izmir   • Tsunamis
• Lichtgeschwindigkeit   • Umlaufgeschwindigkeit der Erde

5 Der Boden unter unseren Füßen ist keineswegs so fest und unbeweglich, wie wir glauben. Manche Veränderungen treten gemächlich auf, sodass sie im Lauf eines Menschenlebens kaum wahrzunehmen sind. Die Ablagerungen von rotem Tiefsee-Ton auf dem Meeresboden schreiten zum Beispiel extrem langsam voran. Verwitterte Gesteinsmaterialien und abgestorbene Organismen sorgen in der Tiefsee für eine dünne Sedimentationsschicht von gerade 2 mm in 1000 Jahren.
• Die Bildung von Tropfgestein in Höhlen verläuft dagegen vergleichsweise stürmisch. Tropfendes Sickerwasser bildet in Grotten Stalagmiten und Stalaktiten. Sie benötigen etwa 100 Jahre, um ca. 4 mm zu wachsen.
Auch der Himalaja, das mächtigste Gebirgsmassiv der Erde, verändert sich fortwährend und wird jährlich um fünf Millimeter angehoben. Dies ist eine Folge der Kontinentalplattenverschiebung. Motor dieser Bewegungen ist die Wärme aus dem Erdinnern.
• Am San-Andreas-Graben, der sich durch Kalifornien über 1120 Kilometer in nord-südlicher Richtung hinzieht, schiebt sich die Pazifische Kontinentalplatte nach Südwesten, die nordamerikanische Platte nach Nordwesten. Die Lage der Platten zueinander verändert sich pro Jahr um etwa fünf Zentimeter.
• Einige tausend Kilometer weiter südlich bewegen sich die Wanderdünen der peruanischen Küste um einiges schneller. Durch das Einwirken des Windes legen die pflanzenlosen Sandhügel bis zu 60 Meter in einem Jahr zurück.

Berechne die durchschnittlichen Geschwindigkeiten aufgrund der Angaben im Text. Gib in mm/h an.
• Tonablagerung   • Tropfgestein   • Himalaja
• Plattenverschiebung   • Wanderdünen

21 Grundfläche · Höhe

1 Zeichne zwei Würfel im Schrägbild mit Kantenlänge 5 cm.
a. Zeichne in jeden Würfel ein Prisma, dessen Volumen du berechnen kannst und berechne es.
b. Ein Prisma ist in einen Würfel mit Kantenlänge s einbeschrieben. Das Volumen dieses Prismas kann mit $V = 0{,}4 \cdot s^3$ berechnet werden. Zeichne einen Würfel mit Kantenlänge s und zeichne zwei Prismen ein, deren Volumen mit diesem Term bestimmt werden kann.

2 Stelle zu jedem Körper einen Term auf, mit dessen Hilfe das Volumen, der Mantel und die Oberfläche berechnet werden kann.

A 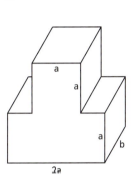   B 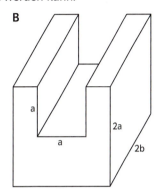   C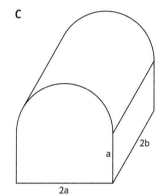

3 Richtig oder falsch? Bei schiefen Prismen gelten die Aussagen a–f. Begründe jeweils deine Entscheidung. Formuliere die falschen Aussagen so um, dass eine richtige Aussage entsteht.
a. Alle zur Grundfläche parallelen Schnittflächen sind kongruent zur Grundfläche.
b. Alle Schnittflächen senkrecht zur Grundfläche sind Rechtecke.
c. Die abgewickelte Mantelfläche ist ein Parallelogramm
d. Zur Berechnung des Volumens benötigt man die Grundfläche und die Mantelfläche.
e. Die Höhe des Prismas ist der Abstand der Grundfläche zur Deckfläche.
f. Die Höhe des Prismas entspricht einer Seitenlänge des Mantels.

4 Schiefe Körper
a. Stelle bei jedem Körper eine Formel für das Volumen auf.

A 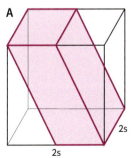   B 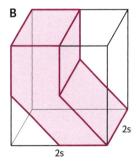   C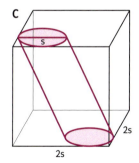

b. Skizziere die Netze der Körper aus Teilaufgabe a.

22 Der Altar von Delos

1

a.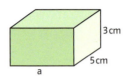

Der Quader hat eine Oberfläche von 270 cm². Wie lang ist er?

b.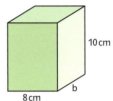

Der Quader hat eine Oberfläche von 340 cm². Wie breit ist er?

c.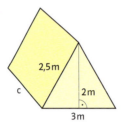

Das Zelt hat eine Oberfläche von 26 m² (mit Boden). Wie lang ist es?

d.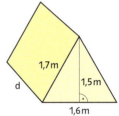

Das Zelt hat eine Oberfläche von 12,4 m² (mit Boden). Wie lang ist es?

e.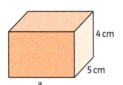

Der Quader hat ein Volumen von 120 cm³. Wie lang ist eine Seite?

f.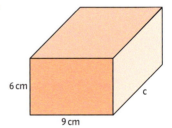

Der Quader hat ein Volumen von 1,08 l. Wie hoch ist er?

2 Zwei Rechtecke

Das erste Rechteck ist 16 cm lang, das zweite ist 20 cm lang. Das erste ist 3 cm breiter als das zweite.

a. Bestimme die Länge und die Breite der beiden Rechtecke so, dass sie den gleichen Flächeninhalt haben. Wie groß ist er?

b. Bestimme die Länge und die Breite der beiden Rechtecke so, dass sie den gleichen Umfang haben. Wie groß ist er?

3 Passend zu einem Würfel soll ein Quader mit gleicher Grundfläche hergestellt werden. Die Oberfläche des Quaders soll dreimal so groß sein wie die Oberfläche des Würfels.

4 In welcher Höhe muss ein Würfel geschnitten werden, damit der Quader nur noch die Hälfte der Oberfläche des Würfels hat?

5

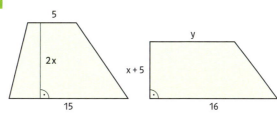

a. Die beiden Trapeze haben den gleichen Flächeninhalt. Berechne diesen für y = 8.
b. Die beiden Trapeze haben den gleichen Flächeninhalt. Berechne diesen für y = 14.
c. Kann für y = 14 das rechte Trapez doppelt so groß sein wie das linke?
d. Kann für y = 14 das linke Trapez doppelt so groß sein wie das rechte?
e. Können für y = 2x − 6 beide Trapeze gleich groß sein?

6 Bei den drei quadratischen Kreuzfahnen sind je die graue und die weiße Fläche gleich groß. Berechne x und b für s = 100 cm.

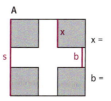
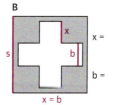
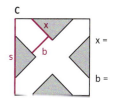

7 Stelle zu dieser Figur eine Berechnungsformel für den Flächeninhalt auf. Ersetze die Variablen r, s, u und A durch die gegebenen Größen und bestimme t.

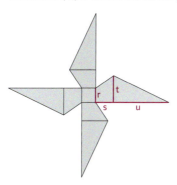

a. r = 4 cm; s = 3 cm; u = 14 cm; A = 380 cm²
b. r = 6 cm; s = 5 cm; u = 16 cm; A = 432 cm²
c. r = 5 cm; s = 4 cm; u = 15 cm; A = 407 cm²

8 Die vier Seiten dieses „Hausdaches" haben zusammen eine Fläche von 130 m². Berechne daraus den Flächeninhalt A des Dachbodens.

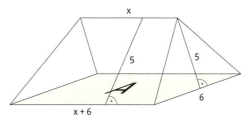

101

23 Parabeln

1 Gib zu jedem Graphen die Funktionsgleichung in Scheitelpunkt- und in Normalform an.

a. 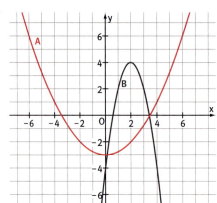   b.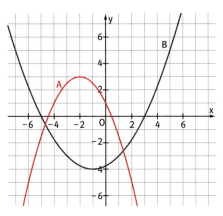

2 Eine Parabel soll den Scheitelpunkt S(−1|−2) haben.
a. Gib die Funktionsgleichung für drei mögliche Parabeln an.
b. Die Parabel soll außerdem durch den Punkt P(1|4) gehen. Bestimme die Gleichung.

Faktorisierte Form

3
a. Zeichne den Graphen der Funktion mit der Gleichung y = x(x − 4).
b. Gib die Funktionsgleichung in Normalform an.
c. Bestimme die Schnittpunkte der Parabel mit der y-Achse und mit der x-Achse.
d. Bestimme den Scheitelpunkt.
e. Wie kannst du diese Punkte bestimmen, ohne den Graphen zu zeichnen? Erkläre.

4 Bestimme für die Graphen der folgenden Funktionen jeweils die Schnittpunkte mit der x-Achse und der y-Achse und den Scheitelpunkt, ohne den Graph zu zeichnen.
a. f(x) = (x − 1)(x − 3)
b. g(x) = −x(x + 5)
c. h(x) = $\frac{2}{9}$(x − 1)(x + 7)

5
a. Welche der folgenden Gleichungen beschreiben dieselbe Parabel?
  A y = (x − 2)² − 4   B y = x² + 2x − 8
  C y = x² − 4x   D y = (x − 2)(x + 4)
  E y = x(x − 4)   F y = (x + 1)² − 5
b. Bestimme für jede dieser Parabeln die Schnittpunkte mit der x- und der y-Achse und den Scheitelpunkt. Mit welcher Form der Gleichung geht das jeweils besonders leicht?

Optimierung

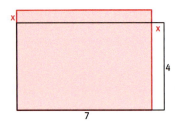

6 Ein Rechteck hat die Seitenlänge 7 cm und 4 cm. Die kürzere Seite wird um x cm verlängert und die längere Seite um x cm verkürzt.
a. Berechne für verschiedene Werte von x den neuen Flächeninhalt und lege eine Tabelle an. Was stellst du fest?
b. Stelle eine Funktionsgleichung auf, die den Flächeninhalt in Abhängigkeit von x beschreibt.
c. Bei welchem Wert von x ist der Flächeninhalt am größten?

Flugbahnen

7 Der Graph beschreibt die parabelförmige Flugbahn eines Golfballs. Bestimme die zugehörige Funktionsgleichung.

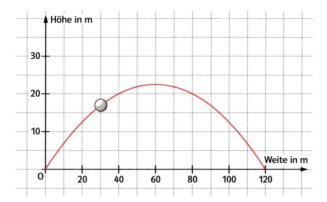

8 Durch eine Videoaufnahme wurde ein Teil der Flugbahn einer Kugel beim Kugelstoßen aufgezeichnet.
a. Gib eine Funktionsgleichung an, mit der du die Flugbahn beschreiben kannst.
b. Bestimme mithilfe deiner Gleichung einen Näherungswert für die Stoßweite der Kugel.

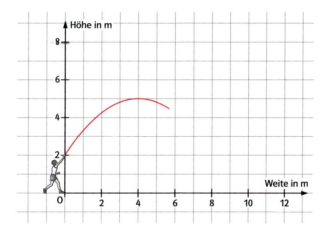

Quadratische Regression

9 Bearbeite Aufgabe 9 a. aus der Lernumgebung, indem du mithilfe des grafikfähigen Taschenrechners eine quadratische Regression durchführst. Der GTR gibt die Gleichung einer Parabel aus, die am besten zu den Messpunkten passt.
Anleitung: Gib die x-Werte in die Liste L_1 und die y-Werte in die Liste L_2 ein. Anschließend kannst du dir das Punktdiagramm ansehen. Für die quadratische Regression wählt man im Statistik-Menü (STAT) unter CALC die quadratische Regression 7: QuadReg . Dann gibt man die Datenreihen (L_1 und L_2) an und die Variable (z. B. Y_1), in der der Funktionsterm gespeichert wird.

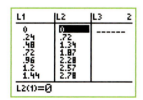

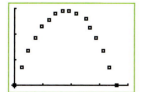

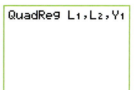

10 Ermittle die Flugbahnen in Aufgabe 6 und 7 mithilfe einer quadratischen Regression. Lies hierzu jeweils mindestens 6 Wertepaare aus dem Graphen ab.

103

T 4 Teste dich selbst

Bist du bei der Bearbeitung der Aufgaben sicher? Notiere deine Einschätzung jeweils.
☺ Da bin ich sicher. Das kann ich.
😐 Da bin ich unsicher. Das werde ich weiter üben.
☹ Das kann ich nicht. Hier brauche ich Hilfe.

1 Berechne die fehlenden Größen.

	Hypotenuse	Längere Kathete	Kürzere Kathete
Rechtwinkliges Dreieck		10,22 cm	6,72 cm
Rechtwinkliges Dreieck		10,50 cm	8,50 cm
Rechtwinkliges Dreieck	15,35 cm	12,43 cm	
Rechtwinkliges Dreieck	12,82 cm		5,12 cm

2

a. Weltklasseschwimmer schaffen 100 m Freistil in weniger als 50 Sekunden. Nehmen wir an, Schwimmer A gewinnt um 1/1000 s vor Schwimmer B. Bei Nachmessungen zeigt sich, dass die 50 m Bahn von Schwimmer B 1 mm länger war. Schwamm A wirklich schneller? Begründe deine Antwort.

b. Bei einem Skiabfahrtsrennen von 4 km Länge beträgt die Siegerzeit 3.20.00. Der Zweitplazierte weist 25 Hundertstelsekunden Rückstand auf. Welcher Distanz entspricht das?

a.
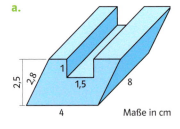

3 Berechne das Volumen der beiden auf dem Rand abgebildeten Werkstücke.

c. Eisen hat die Dichte von 7,7 g/cm³. Wie schwer sind die so entstandenen Werkstücke?

4 Ein Würfel mit Kantenlänge 4 cm hat das gleiche Volumen, wie ein Quader der Länge 5 cm und der Breite 3 cm. Berechne die Höhe des Quaders.

b.
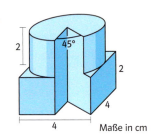

5

a. Gib die Funktionsgleichungen der beiden Parabeln an.

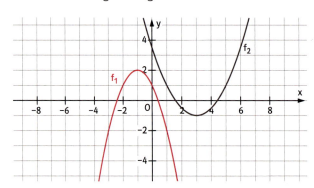

b. Zeichne die Graphen der folgenden Funktionsgleichungen.
A $f_1(x) = -\frac{1}{2}(x-1)^2 + 2$
B $f_2(x) = \frac{1}{4}(x+2)^2$

24 Quadratische Gleichungen

1 Löse mithilfe der quadratischen Ergänzung.
a. $x^2 + 8x + 10 = 0$
b. $x^2 - 8x + 10 = 0$
c. $x^2 - 10x + 21 = 0$
d. $x^2 + 10x - 21 = 0$
e. $x^2 - 10x - 21 = 0$
f. $x^2 + 7x = 0$

2 Bestimme die Lösungen folgender Gleichungen ohne Lösungsformel. Kontrolliere deine Lösungen anschließend.
a. $z^2 - 20 = 0$
b. $\left(z - \frac{5}{6}\right)\left(8 - \frac{z}{9}\right) = 0$
c. $34 - 3x - x^2 = 3(3 - x)$

Gleichungen grafisch lösen

3
a. Ordne den grafischen Darstellungen A bis F jeweils die passende Gleichung aus I bis VI zu. Jeweils eine Darstellung und eine Gleichung bleiben übrig. Gib die jeweils dazu passende alternative Darstellung an.

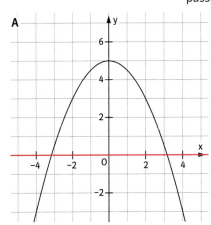
A

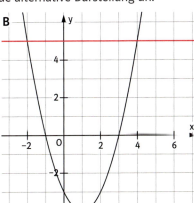
B

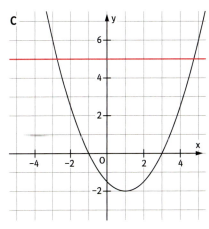
C

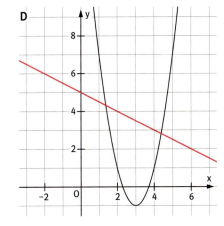
D

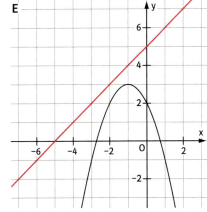
E

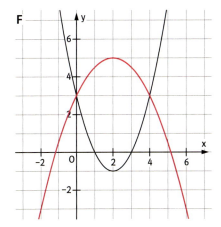
F

I $(x - 3)(x + 1) = 5$
II $-\frac{x^2}{2} + 5 = 0$
III $2(x + 4)(x - 2) = -18$
IV $2 \cdot (x - 3)^2 - 1 = 5 - \frac{x}{2}$
V $(x - 1)(x - 3) = -\frac{1}{2}(x - 2)^2 + 5$
VI $-(x + 1)^2 + 3 = x + 5$

b. Löse die Gleichungen rechnerisch und setze die Lösungen in Bezug zur jeweiligen grafischen Darstellung.
c. Beantworte jeweils mithilfe einer Zeichnung: Wie viele Lösungen besitzt die Gleichung?

I $2(x + 4)^2 + 4 = 0$
II $-\frac{1}{2}(x - 3)^2 = 0$
III $-2{,}5(x + 3{,}9)^2 + 6{,}2 = 0$

24 Quadratische Gleichungen

4 Für welche Werte von a hat die Gleichung zwei Lösungen, genau eine Lösung oder keine Lösung? Grafisches Lösen kann dir helfen.
  a. $x^2 = 4$
  b. $x^2 = a x$
  c. $x^2 = x + a$
  d. $-x^2 + 4 = a x$
  e. $-x^2 - 4x = a$
  f. $-x^2 - 4 = x - a$

5 Richtig oder falsch? Begründe und berichtige die Aussage gegebenenfalls.
  a. Die Gleichung $a \cdot (x - b)^2 - 4 = 0$ hat keine Lösung, wenn a negativ ist.
  b. Die Gleichung $(x - a)^2 = b$ hat immer zwei Lösungen.
  c. Bei Gleichungen der Form $a \cdot (x - b)^2 + c = 0$ kann man ohne weitere Rechnung immer vorhersagen, wie viele Lösungen existieren.
  d. Eine Gleichung der Form $x^2 = b x + c$ hat immer eine positive und eine negative Lösung, wenn c positiv ist.
  e. Sind b und c positive Zahlen, so existiert für eine Gleichung der Form $x^2 + c = b x$ keine Lösung.

Scheitelpunkte finden

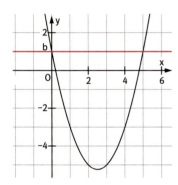

6 Für welche Werte von b haben die Parabel mit der Gleichung $y = x^2 - 5x + 1$ und die Gerade mit der Gleichung $y = b$
  • genau zwei Schnittpunkte?
  • genau einen gemeinsamen Punkt?
  • keinen gemeinsamen Punkt?

7 Gegeben ist die Funktion $f(x) = x^2 - 6x + 5$. Birgit, Hanna und Florian wollen den Scheitelpunkt der Parabel finden. Alle drei ermitteln den Scheitelpunkt $S(3|-4)$.

Florian:
$x^2 - 6x + 5 = b$
$x^2 - 6x + 5 - b = 0$
$x = 3 \pm \sqrt{9 - (5 - b)}$
$9 - (5 - b) = 0$
$9 - 5 + b = 0$
$b = -4$

Birgit:
$f(x) = x^2 - 6x + 9 - 9 + 5$
$ = (x - 3)^2 - 4$

Hanna:
$f(x) = x^2 - 6x + 3$
$g(x) = x^2 - 6x$ hat die Nullstellen
$\phantom{g(x) = x^2 - 6x \text{ hat die N}} x = 0 \text{ und } x = 6$
$f(3) = 9 - 18 + 5 = -4$

  a. Erkläre ihre Vorgehensweisen.
  b. Welches Verfahren fällt dir am leichtesten? Begründe.
  c. Wie kannst du mit diesen Verfahren den Scheitelpunkt der Parabel mit der Gleichung $y = 2x^2 - 10x + 3$ finden? Führe alle drei Verfahren durch.

8 Bestimme jeweils den Scheitelpunkt mit einem Verfahren deiner Wahl.
  a. $y = x^2 + 5x - 4$
  b. $y = \frac{1}{2}x^2 - 4x + 6$
  c. $y = -3x^2 + 9x - 15$

Lösungsformel

9 Untersuche mithilfe der Lösungsformel, wann die Gleichung $ax^2 + bx + c = 0$ zwei Lösungen, eine Lösung oder keine Lösung besitzt.

10
  a. Stelle dir mithilfe einer Tabellenkalkulation einen „Gleichungslöser" für quadratische Gleichungen der Form $ax^2 + bx + c = 0$ her.
  b. Warum zeigt der Rechner manchmal einen Fehler an?
  c. Löse die quadratischen Gleichungen aus den obigen Aufgaben mit dem Gleichungslöser.

Training – Quadratische Gleichungen

Lösungsverfahren wählen

1 Quadratische Gleichungen kann man auf unterschiedliche Art lösen.
Du siehst hier, wie sich Paul entschieden hat, um die fünf Gleichungen zu lösen.

A $x^2 - 10x + 24 = 0$ B $y^2 - 6y = 0$ C $z^2 + 6z + 5 = 0$ D $(a - 7)^2 = 25$ E $b^2 - 7b + 3 = 0$

Faktorisieren   quadratische Ergänzung   pq- oder abc-Formel   Wurzelziehen

a. Löse die fünf Gleichungen gemäß Pauls Entscheidung.
b. Löse mindestens drei der fünf Gleichungen auf eine andere Art.
c. Entscheide vor dem Lösen der folgenden Gleichungen, welches Verfahren besonders praktisch sein könnte und löse dann mit dem Verfahren deiner Wahl. Manchmal müssen zu Beginn auch Term- oder Äquivalenzumformungen vorgenommen werden.

A $a^2 + 8a + 12 = 0$
  $9b = b^2 + 20{,}25$
  $\frac{2}{3}x = \frac{4}{9}x^2$

B $8 = t^2$
  $(s - 3)(s + 2) = 0$
  $u^2 - 0{,}4u + 0{,}04 = 0$

C $\frac{1}{3}z = 4z^2$
  $36 = \frac{1}{2}(v - 7)^2$
  $(c - 3)(c + 4) = -10$

D $9x + 16 = 4x^2$
  $(p + 4)^2 = 4$
  $q + \frac{1}{3}q^2 = 0$

2 Noch mehr Gleichungen. Sortiere zuerst, wo du ähnlich vorgehen kannst. Löse dann die Gleichungen.

I $x^2 - 7x = 10$ II $x^2 - 7x + 10 = 0$ III $7 - x^2 = x + 10$

IV $v - 4 = (v - 4)(v + 3)$ V $(v - 4)(v + 3) = 0$ VI $(v - 4)(v + 3) = -12$

VII $a^2 + 15a + 50 = 0$ VIII $(a + 15)(a + 50) = 0$ IX $15a = (a + 15)(a + 50)$

X $(s + 7)^2 = 24$ XI $7 + s^2 = 24$ XII $(7 + s)^2 = 24 + s$

Grafisches Lösen

3 Du siehst auf dem Rand grafisch dargestellte Gleichungen. Finde zu jeder Grafik die zugehörige Gleichung, bestimme die Lösung, soweit möglich, durch Ablesen und überprüfe dann jeweils mithilfe einer Rechnung.

4 Stelle die folgenden Gleichungen jeweils grafisch dar und lies die Lösungen ab. Rechne anschließend.

a. $(x + 1)^2 - 2 = 2$
b. $\frac{1}{2}x^2 = x + 4$
c. $-(x + 3)^2 = 2x$
d. $-x^2 + 9 = (x - 1)^2$

Gleichungen und Ungleichungen

5 Löse rechnerisch und überprüfe grafisch.

a. $(x - 5)(x + 8) = 0$
   $(x - 5)(x + 8) > 0$
   $(x - 5)(x + 8) < 0$
   $(x - 5)(x + 8) = (x + 8)$

b. $(x + 3)(x + 8) = 14$
   $(x + 3)(x + 8) > 14$
   $(x + 3)(x + 8) = 14 - x$
   $(x + 3)(x + 8) = 14 + (x + 5{,}5)^2$

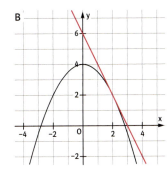
A

B

25 Heureka!

1 Die meisten Puzzler legen zuerst den Rand in der Meinung aus, dass die größte Arbeit dann noch bevorsteht. In obenstehendem 5 × 8-Puzzle gehören jedoch mehr als die Hälfte der Teile (22) zum Rahmen, während nur 18 im Inneren liegen. Es gibt zwei Puzzlegrößen, bei denen gleich viele Teile innen und außen zu liegen kommen. Welche?

2 Bearbeite die Fragestellungen.
a. Ein Puzzle besteht aus 100 Teilen. Die Anzahl Innenteile soll möglichst groß/möglichst klein sein.
b. Wie viele verschiedene Puzzles mit genau einem Innenteil gibt es?
c. Wie viele Puzzles mit 24 Innenteilen gibt es?
d. Wie viele Außenteile kann ein Puzzle mit 30 Innenteilen haben?
e. Finde ein Puzzle, das aus $\frac{1}{3}$ Randteilen und $\frac{2}{3}$ Innenteilen besteht.
f. Ist es möglich, dass weniger als $\frac{1}{100}$ eines Puzzles Randteile sind?

3
a. Stelle dir vor, man würde die Tabelle unendlich weiterführen. Würden damit alle möglichen Puzzlegrößen mit mindestens einem Innenteil erfasst? Erkläre.

Länge	Breite	Rand	innen	%	Breite	Rand	innen	%	Breite	Rand	innen	%	Breite	Rand	innen	%	Breite	Rand	innen	%	Breite	Rand	innen	%
3	3	8	1	88,9																				
4	3	10	2	83,3	4	12	4	75,0																
5	3	12	3	80,0	4	14	6	70,0	5	16	9	64,0												
6	3	14	4	77,8	4	16	8	66,7	5	18	12	60,0	6	20	16	55,6								
7	3	16	5	76,2	4	18	10	64,3	5	20	15	57,1	6	22	20	52,4	7	24	25	49,0				
8	3	18	6	75,0	4	20	12	62,5	5	22	18	55,0	6	24	24	50,0	7	26	30	46,4	8	28	36	43,8

b. Stelle mit einem Tabellenkalkulationsprogramm eine ähnliche Tabelle her.

Turbo-Cat

4 „Turbo-Cat" heißt die Schnellbootverbindung von Hongkong (bis 1997 britische Kolonie) zur etwa 60 km entfernten Halbinsel Macau (bis 1999 portugiesische Kolonie). Die Fahrzeit beträgt 1 Stunde.
Es werden 30 Minuten zum Aus- und Einsteigen der Passagiere benötigt.
In beide Richtungen soll die erste Abfahrt spätestens um 6:00 Uhr, die letzte frühestens um 23.00 Uhr stattfinden. Die Schiffe fahren in jedem Hafen im Stundentakt ab.
Wie viele Schiffe braucht die Betreiberfirma, um den Betrieb möglichst günstig zu gewährleisten? Wie sehen die Abfahrtszeiten aus?

26 Funktionsfamilien

Potenzfunktionen

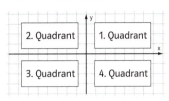

Kontrolliere deine Ergebnisse mit dem GTR.

1 „Der Graph der Funktion f mit $f(x) = x^3$ geht durch den Ursprung $(0\,|\,0)$ und verläuft vom 3. in den 1. Quadranten."

a. Beschreibe ebenso jeweils den Verlauf der Graphen folgender Potenzfunktionen.

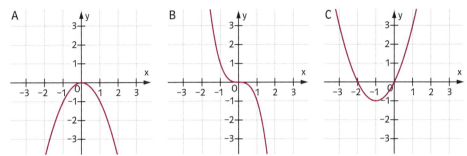

b. Beschreibe den Verlauf der Graphen folgender Funktionen. Skizziere.
$f(x) = -x^7$ $\quad g(x) = -x \quad$ $h(a) = 3a - 1 \quad$ $u(x) = \frac{1}{2}x^4 \quad$ $v(b) = b^2 - 1$

c. Skizziere einen Graphen einer beliebigen Funktion ins Heft. Beschreibe den Verlauf des Graphen möglichst genau auf einem Extrablatt. Gib diese Beschreibung einem Mitschüler bzw. einer Mitschülerin und lasse den Graphen skizzieren. Vergleicht anschließend eure Skizzen.

2

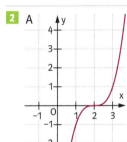 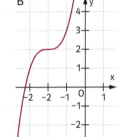 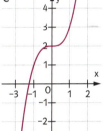 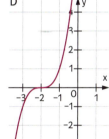

$f(x) = x^3 + 2 \qquad h(x) = (x+2)^3 \qquad g(x) = (x+2)^3 + 2$

a. Beschreibe, wie die Funktionsgraphen durch Verschieben aus dem Graphen der Funktion $f(x) = x^3$ entstanden sind und ordne jeweils den passenden Funktionsterm zu.

b. Ein Graph bleibt übrig. Notiere den zugehörigen Funktionsterm.

3 Der Graph der Funktion g entsteht durch Spiegeln des Graphen der Funktion f mit $f(x) = (x-1)^3 + 1$ an der x-Achse.

a. Skizziere die Graphen der Funktionen f und g ohne GTR.

b. Notiere den Funktionsterm von g.

4 Skizziere jeweils die Graphen folgender Funktionen – ohne GTR.

a. $f(x) = (x+1)^5$ b. $g(x) = x^4 - 1$ c. $h(x) = -(3+x)^2$ d. $u(x) = \sqrt{(x+3)}$

e. Verändere – sofern möglich – die Funktionsterme aus Teilaufgabe a. bis d. so, dass die Graphen ausschließlich im 1. und 2. Quadranten verlaufen.

Verschieben von Graphen

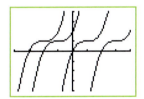
Display 1

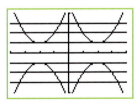
Display 2

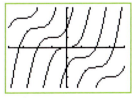
Display 3

Ein Funktionsterm mit Parameter – viele Graphen

5 Die GTR-Displays auf dem Rand zeigen stets den Zeichenbereich $-4 \leq x \leq 4$ und $-4 \leq y \leq 4$.

a. Display 1 zeigt die Graphen einiger Funktionen mit $f_a(x) = (x+a)^3 + 1$. Welche Werte für a wurden gewählt? Zeichne die Graphen mithilfe deines GTR.

b. Erzeuge mit deinem GTR die Displays 2 und 3. Wie lauten jeweils die Funktionsterme?

27 Sind irrationale Zahlen unvernünftig?

Irrationalität von $\sqrt{2}$

1 Lies das folgende Gespräch zwischen den beiden Lehrern Herrn Dülker (fett gedruckte Passagen) und Herrn Fuchs.

Herr Dülker

Herr Fuchs

Schon die alten Griechen haben herausgefunden, dass es irrationale Zahlen gibt.
    Wie konnten die das denn merken?
Zum Beispiel ist die Länge der Diagonalen im Einheitsquadrat irrational.
    Die Länge ist doch $\sqrt{2}$.
Richtig, und die Griechen haben sogar bewiesen, dass diese Zahl irrational ist, also nicht als Bruch dargestellt werden kann.
    Das stelle ich mir aber gar nicht einfach vor!
Dazu haben sie ein Verfahren benutzt, welches man heutzutage als indirekten Beweis bezeichnet.
    Und wie soll das gehen?
Man nimmt das Gegenteil von dem an, was man beweisen will und zeigt, dass das nicht gehen kann, dass es also zu einem Widerspruch führt. Daraus schließt man, dass die Annahme falsch gewesen sein muss.
    Das verstehe ich noch nicht!
Stell dir vor, du willst beweisen, dass es unendlich viele natürliche Zahlen gibt. Du beweist es indirekt, indem du zunächst annimmst, dass es nur endlich viele natürliche Zahlen gibt. Dann gibt es auch eine größte natürliche Zahl m. Aber du kannst sofort eine noch größere natürliche Zahl angeben.
    Ja, zum Beispiel m + 3.
Richtig, und damit hast du einen Widerspruch zur Annahme, dass es nur endlich viele Zahlen gibt, hergeleitet.
    Somit gibt es also unendlich viele natürliche Zahlen. Das habe ich verstanden. Aber wie kann man beweisen, dass die Wurzel aus 2 irrational ist? Zunächst nimmt man sicherlich an, dass sie rational sei.
Ja, also, dass sie als Bruch dargestellt werden kann.
    Klar, Zähler durch Nenner.
Zum Beispiel a durch b. Dann ist 2 aber auch a^2 durch b^2.
    Dazu musst du ja nur beide Seiten der Gleichung quadrieren. Dann ist auch $2\,b^2$ gleich a^2. Das ist aber noch kein Widerspruch.
Genau. Aber jede natürliche Zahl kann man in eindeutiger Weise als Produkt von lauter Primzahlen darstellen. Diese Behauptung hat einst der Mathematiker Gauß bewiesen.
140 zum Beispiel ist $2 \cdot 2 \cdot 5 \cdot 7$.
    Dann ist $140^2 = 2 \cdot 2 \cdot 2 \cdot 2 \cdot 5 \cdot 5 \cdot 7 \cdot 7$. Also kommt jede Primzahl zweimal oder viermal usw. oft vor.
So ist das auch bei unserem a^2, jeder Primzahlfaktor kommt in einer geraden Anzahl vor.
    Bei b^2 ist es doch genauso!
Ja, aber bei $2\,b^2$ nicht. Es gibt die 2, die keinen Partner hat. Und das kann nicht sein, weil $2\,b^2$ gleich a^2 sein soll.
    Denn gleiche Zahlen haben ja die gleiche Produktdarstellung durch Primfaktoren, was ja dieser exzellente Mathematiker bewiesen hat. Und damit haben wir nun einen Widerspruch konstruiert.
Ja, und das beweist, dass $\sqrt{2}$ nicht als Bruch darstellbar und somit irrational ist.
    Und das haben schon die Griechen bewiesen? Die waren wirklich ganz schön clever.

Indirekter Beweis

Online-Link
700581-2701
Gespräch
Herr Dülker und
Herr Fuchs

2
a. Gliedere das Gespräch zwischen Herrn Dülker und Herrn Fuchs in einzelne Abschnitte und beschreibe mit einer Zwischenüberschrift den Inhalt eines Abschnitts.
b. Überrage die Tabelle in dein Heft. Gib die einzelnen Beweisschritte und eine entsprechende Bemerkung zu diesem Schritt an.

Voraussetzung $a \in \mathbb{N}_0$; $b \in \mathbb{N}$	
Behauptung $\sqrt{2} \notin \mathbb{Q}$	
Beweis Annahme: $\sqrt{2} \in \mathbb{Q}$	
Beweisschritt	Bemerkung
1.	
2.	
3.	

3
a. Warum scheitert der Versuch, auf analoge Weise wie in Aufgabe 2 zu zeigen, dass $\sqrt{4}$ irrational ist?
b. Für welche natürlichen Zahlen gilt sicher auch, dass ihre Wurzel irrational ist? Begründe.

4 Beweise, dass $\sqrt{37}$ irrational ist.

Dichte Zahlenmenge

5
a. Finde einen Bruch, der zwischen $\frac{1}{2}$ und $\frac{1}{3}$ liegt.
b. Gib drei weitere Bruchpaare und jeweils einen Bruch an, der dazwischen liegt.

6 Begründe folgende Aussagen:
a. „Zwischen zwei reellen Zahlen liegt immer eine reelle Zahl."
b. „Es gibt keine positive kleinste reelle Zahl."
c. „Es gibt keine größte negative reelle Zahl."

Irrationale Zahlen

7 Zwei Beispiele von nicht periodischen, nicht abbrechenden Dezimalzahlen sind 0,123 456 789 10 11 12 13 … und 10,124 816 326 412 825 6 …. Die Zahlen sind daher irrational. Finde zwei weitere solche Beispiele.

8 Bei einer „Zahlenreise" (ähnlich wie in Aufgabe 6 der Lernumgebung) entstehen Terme in dieser Reihenfolge:
$x + \sqrt{3}$; $x^2 + 2x\sqrt{3} + 3$; $x^2 + 2x\sqrt{3}$; $2x\sqrt{3}$; $\sqrt{3}$; 3
a. Schreibe dazu die Vorschriften, berechne die Zwischenresultate für $x = 2$ und gib die dazugehörigen Zahlenmengen an.
b. Nimm die gleiche Reise mit einer beliebigen irrationalen Zahl in Angriff.
c. Begründe, weshalb die Zahlenreise immer in der Menge der natürlichen Zahlen endet.

T5 Teste dich selbst

Bist du bei der Bearbeitung der Aufgaben sicher? Notiere deine Einschätzung jeweils.
- ☺ Da bin ich sicher. Das kann ich.
- 😐 Da bin ich unsicher. Das werde ich weiter üben.
- ☹ Das kann ich nicht. Hier brauche ich Hilfe.

---

1 Löse die folgenden Gleichungen. Gib jeweils an, welche Verfahren geeignet wären und welches Verfahren du wählst:

a. $x^2 - 12x + 20 = 0$
b. $(x - 5)(x + 5) = 24$
c. $\frac{3}{4}x^2 + \frac{2}{3}x = 2$
d. $6x^2 = 36x$
e. $(x - 5)^2 - 9 = 0$
f. $2x^2 - 25 = 36$

g. Erläutere das Verfahren der quadratischen Ergänzung mithilfe der Gleichung $x^2 + 7x + b = 0$. Woran erkennst du, ob diese Gleichung zwei oder eine oder keine Lösung hat?

---

2 Hier sind Fehler passiert. Finde sie und berichtige.

$(x + 5)(x - 3) = 9$
$x + 5 = 9$ oder $x - 3 = 9$
$x_1 = 4$ oder $x_2 = 12$

3 Dies ist eine 4×7-Schokolade. Sie besteht aus 18 Randteilen und 10 Innenteilen. Diese Schokolade soll in ihre 28 Einzelstücke gebrochen werden. Wie oft musst du brechen, wenn du die Stücke zum Brechen nicht übereinander legen darfst?

a. Wie oft musst du bei einer Riesenschokolade der Größe m × n brechen?
b. Welche Terme beschreiben die Anzahl der Randstücke und der Innenstücke in einer m × n-Schokolade?

---

4 Gib zu jedem Graphen einen Funktionsterm an.

a.   b.   c.

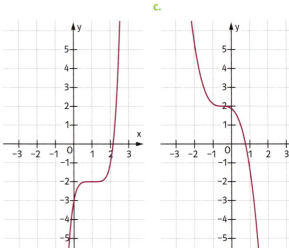

---

5 Gib an, in welchen Zahlenmengen $\mathbb{N}, \mathbb{Z}, \mathbb{Q}, \mathbb{R}$ sich die Zahlen befinden?

a. $0{,}2$
b. $\sqrt{18}$
c. $1{,}213141516\ldots$
d. -5
e. $\sqrt{16}$
f. $-\sqrt{3}$
g. 16

---

6 Wahr oder falsch? Begründe.

a. $0{,}5$ und $\sqrt{0{,}5}$ liegen zwischen 1 und 0,4.
b. Das Quadrat von $(\sqrt{2} + \sqrt{3})$ ist rational.

28 Parkette

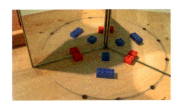

Spiegelbuch und Kaleidoskop

1 Klebe zwei Spiegelkacheln auf der Rückseite mit einem stabilen Klebeband zusammen, so dass die beiden Spiegelseiten wie bei einem Buch nach innen zeigen. Öffne das Spiegelbuch in verschiedenen Winkeln und lege bunte Gegenstände oder Bildausschnitte hinein. Bei welchen Winkeln entstehen regelmäßige Muster?

2 Das Wort *Kaleidoskop* kommt aus dem Griechischen und bedeutet „Schönbildschauer". Es besteht aus einem Rohr, in dem innen drei Spiegelstreifen angebracht sind, die ein dreieckiges Prisma bilden. Am einen Ende sind farbige Gegenstände eingeschlossen, die sich bewegen und durch die Spiegelungen ein symmetrisches Muster erzeugen.

a. Als Grundfläche für die Spiegelsäule im Kaleidoskop werden üblicherweise gleichseitige Dreiecke benutzt. Es eignen sich aber alle Formen, mit denen sich die Ebene lückenlos durch Achsenspiegelungen überdecken lässt. Untersuche, ob folgende Formen als Grundfläche für die Anordnung der Spiegel im Kaleidoskop geeignet sind:
ein Dreieck mit den Winkeln 30°, 60°, 90°; ein Quadrat;
ein Dreieck mit den Winkeln 45°, 45°, 90°; ein Rechteck;
ein Dreieck mit den Winkeln 30°, 30°, 120°; eine Raute;
ein gleichschenkliges Dreieck; ein Seckseck.

Auch mit Grafikprogrammen kannst du Kaleidoskopbilder erstellen.

b. Erzeuge mit einer DGS Kaleidoskopmuster. Hier siehst du Beispiele.

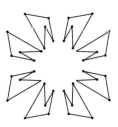 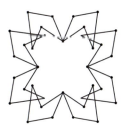 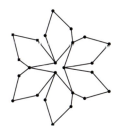

Verkettung von Kongruenzabbildungen

3 Erzeuge die Figur auf dem Rand mithilfe einer DGS. Führe jeweils die beiden in den Teilaufgaben angegebenen Abbildungen hintereinander aus und untersuche bei jeder Aufgabe die folgenden Fragestellungen.
- In welchen Fällen kannst du das Ergebnis durch eine einzige Abbildung beschreiben?
- Wie hängt diese Abbildung mit den beiden gegebenen Abbildungen zusammen?
- Beschreibe diese Zusammenhänge möglichst genau.
- Vertausche die beiden Abbildungen. Was stellst du fest?

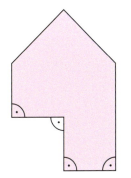

a. Verschiebung entlang $\overrightarrow{CF}$; Verschiebung entlang $\overrightarrow{GF}$
b. Spiegelung an der Geraden durch A und G; Spiegelung an der Geraden durch D und E
c. Verschiebung entlang $\overrightarrow{CF}$; Spiegelung an der Geraden durch G und F
d. Spiegelung an der Geraden durch C und D; Spiegelung an der Geraden durch A und G
e. Drehung um A um 100°; Verschiebung entlang $\overrightarrow{CF}$.

4
a. Zeichne mit einer DGS eine beliebige Figur und führe eine Gleitspiegelung durch.
b. Untersuche weitere Kombinationen von zwei Kongruenzabbildungen. Notiere deine Beobachtungen.

> Eine **Gleitspiegelung** ist eine Spiegelung an einer Geraden mit einer anschließenden Verschiebung parallel zu dieser Geraden.

28 Parkette

Quasikristalle

Viele Feststoffe, die in der Natur vorkommen, haben einen regelmäßigen inneren Aufbau. Sie sind periodisch aufgebaut: ihre kleinsten Einheiten, die sogenannten Elementarzellen, wiederholen sich in allen drei Raumrichtungen und füllen den Raum vollständig aus. Die Kristalle können ein-, zwei-, drei-, vier- und sechszählige Drehsymmetrien aufweisen, aber keine fünfzähligen. Denn fünfeckige Grundstrukturen passen nicht lückenlos aneinander. Daher glaubte man dem israelischen Forscher Daniel Shechtman nicht, als er 1982 bei einem Feststoff eine fünfzählige Drehsymmetrie entdeckte. Dies galt als Verstoß gegen die Naturgesetze, nach denen Kristalle streng periodisch aufgebaut sein müssen.

Die Mathematik half aus diesem Dilemma heraus, indem sie mit dem Penrose-Parkett ein quasiperiodisches Muster zur Verfügung stellte, das eine fünfzählige Symmetrie aufweist und die Ebene komplett ausfüllt. Damit galt das Penrose-Parkett nicht länger als theoretische Spielerei.

2011 erhält Daniel Shechtman den Nobelpreis für Chemie für seine Entdeckung der Quasikristalle. Sie werden für technische Anwendungen genutzt, da sie über hohe Elastizität und gleichzeitig über große Härte verfügen. Nicht nur wegen der großen praktischen Bedeutung der Quasikristalle hat Shechtman den Preis erhalten, meint das Nobelpreiskommitee; vielmehr hat er ihn sich verdient für seine Hartnäckigkeit und den Mut, gegen die gängige Lehrmeinung seinen eigenen Ideen zu vertrauen.

5 Quasikristalle erinnern in der Struktur an islamische Mosaike. Seit etwa 1200 sind fünf verschiedene *Girih*-Kacheln bekannt, aus denen quasiperiodische Muster auf vielen religiösen Gebäuden entstanden sind. Die Formen können mit Zirkel und Lineal konstruiert werden. Das war damals schon bekannt.

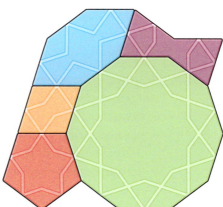

a. Bestimme die Winkel in den fünf Kacheln.
b. Konstruiere nach der folgenden Beschreibung ein regelmäßiges Fünfeck nur mit Zirkel und Lineal:
   - Zeichne einen Kreis mit Radius r und Mittelpunkt M.
   - Zeichne zwei zueinander senkrechte Durchmesser ein; nenne einen Schnittpunkt des ersten Durchmessers mit dem Kreis A, einen Schnittpunkt des zweiten Durchmessers mit dem Kreis E.
   - Konstruiere D als Mittelpunkt von A und M.
   - Zeichne einen Kreis mit Radius $\overline{DE}$ um Punkt D. Er schneidet die Gerade $\overline{AM}$ im Punkt F.
   - Die Strecke $\overline{EF}$ ist die Länge der Fünfeckseite. Trage diese mehrmals hintereinander auf dem Kreis ab, beginne mit einem Kreis um E mit Radius $\overline{EF}$.
c. Stellt mehrere *Girih*-Kacheln her und legt ein flächendeckendes Muster.

Lösungen — Training

Gleichungen

1 eindeutig lösbar:
a. $x = -3{,}5$ b. $x = 0{,}5$ d. $x = \frac{2}{3}$
nicht lösbar:
c.; e.

2

	Gleichung	Lösung x = 10	unlösbar	allgemeingültig
a.	$x(a + 1) = 5$	$a = -0{,}5$	$a = -1$	
b.	$(a + 3) \cdot x = x$	$a = -2$		$a = -2$
c.	$x(a - 9) = a$	$a = 10$	$a = 9$	
d.	$(a + 5x) = 0$	$a = -5$		$a = -5$
e.	$ax^2 = -1$	$a = -0{,}01$	$a \geq 0$	

3
a.

x	11	8	5	2
y	1	3	5	7

b. Für die Lösung $\{x = 2;\ y = 7\}$ ist die Summe $x + y = 9$ am kleinsten.
c. Für die Lösung $\{x = 5;\ y = 5\}$ ist das Produkt $x \cdot y = 25$ am größten.
Die Lösungen lassen sich einfacher finden, wenn die Gleichung wie folgt umgeformt wird.
$4(2x + 3y) = 100$ bzw. $2x + 3y = 25$

4 Damit die Gleichung die Lösung $x = 23$ hat, muss $a = 13$ sein.
$5 \cdot 23 + a = 128$ $\mid -115$
$a = 13$
a. Für $a = 130{,}5$ hat die Gleichung die Lösung $x = -0{,}5$.
b. Die Gleichung hat natürliche Zahlen als Lösung, wenn $a = 123, 118, 113 \ldots$ ist, oder allgemein, wenn $a = 128 - 5 \cdot n$ ist (n ist dabei eine beliebige natürliche Zahl). Diese Zahl n ist dann auch die Lösung der Gleichung.

5
a. Damit die Gleichung die Lösung $x = 9$ hat, muss $b = -2$ sein.
b. Für $b = -58$ hat die Gleichung die Lösung $x = 1$.
c. Unlösbar wird die Gleichung für $b = 5$.

6
a. Man formt die ursprüngliche Gleichung um zu
$4x + 5 = 5 + c \cdot x$ bzw. zu $4x = cx$.
Für $c = 4$ wird die Gleichung allgemeingültig, das heißt, $x = 1$ ist zwar eine Lösung, aber jede andere Zahl ist auch korrekt. c so zu wählen, dass $x = 1$ die einzige Lösung ist, ist gar nicht möglich.
b. Aus der Gleichung $4x = cx$ folgt, dass für ein beliebiges $c \neq 4$ die Lösung immer $x = 0$ lautet.
c. Für $c = 4$ ist die Gleichung allgemeingültig.

7
a. $3{,}5$ b. -8 c. $-0{,}5$
d. $\frac{11}{3}$ e. $0{,}5$ f. $\frac{2}{27}$

Überschlag

1

	Zu schätzende Größe	Schätzungen	
a.	Gewicht eines Fußballs	400 g	
b.	Volumen eines Tennisballs	150 cm³	
c.	Länge eines Skateboards	80 cm	8 dm
d.	Fläche eines Fußballplatzes	1 ha	100 a
e.	Geschwindigkeit eines Fußballes beim Torschuss	140 km/h	40 m/s
f.	Fläche eines Tennisplatzes	3 a	260 m²
g.	Distanz zwischen den Stadien von Bayern München und dem Hamburger SV	600 km	800 km
h.	Durchmesser eines Fußballs	20 cm	0,2 m
i.	Fläche einer Mathematikbuchseite	600 cm²	

2
a. Es ist praktisch unmöglich, zehn Sekunden lang mehr als vier Schritte pro Sekunde zu machen. Tatsächlich liegt die Schrittzahl für die 100 Meter von Spitzenläufern bei 35 bis 40, die durchschnittliche Schrittlänge beträgt also fast 3 Meter!
b. Zwischen den Hürden gibt es drei volle Schritte plus Landung plus Absprung:
$9 \cdot 3 + 2 \cdot 9 \cdot \frac{1}{2} + 2 \cdot 5 \approx 45$ Schritte

3
a. Wie hoch sind etwa die Kosten für Essen und Trinken?
$3 \cdot 13\,€ + 5\,€ + 2 \cdot 3\,€ + 2 \cdot 2\,€ = 54\,€$
b. Was kostet etwa die Anschaffung und Verlegung eines neuen Teppichs?
Größe des Schlafzimmers: $4{,}5\,m \cdot 4\,m = 18\,m^2$
Preis des Teppichs: $18\,m^2 \cdot 7\,€/m^2 = 126\,€$
Weitere Kosten und Materialien: $80\,€ + (40\,€/h + 20\,€/h) \cdot 1{,}5\,h + 30\,€ = 200\,€$
Gesamt: $326\,€$
c. Wie teuer wird etwa ein Urlaub auf Elba?
Elba: $10 \cdot 120\,€ + 10 \cdot 10\,€ \cdot 4 + 10 \cdot 20\,€ \cdot 4 + 80\,€ + 4 \cdot 2 \cdot 40\,€ + 2 \cdot 20\,€ = 2840\,€$
d. Wie schwer und wie teuer wird der Einkauf?
1 kg Brot: 3 €; 400 g Rindfleisch: 3 €; 2 Paprikas (500 g): 1,5 €; 1 Salat: 0,8 €; 1 kg Karotten: 1,5 €; 1 l Milch: 0,9 €; 250 g Butter: 1,7 €; zwei Tafeln Schokolade: 1,6 €; ein Viererpack WC-Rollen: 1,6 €; 1 kg Reis: 3 €; 1 kg Bananen: 2 €; zus. etwa 7 kg und 21 €.
e. Wie viel Zeit brauche ich etwa für die Vorbereitung des Abendessens?
Kochen: $\frac{1}{4}h + \frac{1}{2}h + \frac{1}{4}h + 1h$, also mindestens 2 h.

4
a. $4 \cdot 30 = 120$; Ergebnis: $130{,}356$
b. $\frac{1}{3}$ von $18 = 6$; Ergebnis: $6{,}612$
c. $\frac{3}{4}$ von $150 = 112{,}5$; Ergebnis: $107{,}1$
d. $500 \cdot 0{,}025 = \frac{1}{4}$ von $50 = 12{,}5$; Ergebnis: $13{,}332$
e. $700 \cdot 10 = 7000$; Ergebnis: $8215{,}3$
f. $28 : 4 = 7$; Ergebnis: $7{,}178$
g. $20 : 0{,}4 = 200 : 4 = 50$; Ergebnis: $49{,}7$
h. $0{,}04 : 20 = 4 : 2000 = 0{,}002$; Ergebnis: $0{,}00203$
i. $140 : 0{,}7 = 1400 : 7 = 200$; Ergebnis: $190{,}4$
j. $65 \cdot 4 = 260$; Ergebnis: $271{,}0625$

Lösungen — Training

Grafikfähiger Taschenrechner

1

b.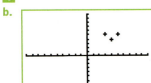

c.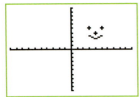

d. Das Taschenrechnerdisplay zeigt nur 64 x 96 Pixel an, daher werden die Punkte nicht exakt, sondern so genau wie möglich dargestellt. Bei der vorliegenden Zuordnung entsteht durch Rundungsfehler der Eindruck, als sei der Mund nicht symmetrisch.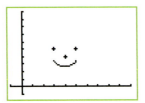

e.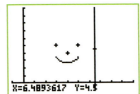

f. Aus dem Mittelpunkt (4|4) und dem Punkt (4|7) der Kreislinie, lässt sich der Radius 3 berechnen. Der Kreis und die senkrechte Gerade schneiden und berühren sich nicht.

g. Der Kreis und die senkrechte Gerade schneiden sich nun. Wenn der GTR einen Kreis zeichnet, zeichnet er ungeachtet der Länge der Einheiten auf der x bzw. y-Achse einen Kreis um den Mittelpunkt durch einen weiteren gewählten Punkt. Er berechnet dabei nicht die Kreislinie als Punkte mit dem gleichen Abstand um einen Mittelpunkt. Der Abstand der senkrechten Geraden von der Nase ist 2,5, der Kreis hat einen Radius von 3, daher müssen sich die senkrechte Gerade und der Kreis um die Nase mit Radius 3 schneiden. Die Darstellung aus Teilaufgabe g ist daher richtig.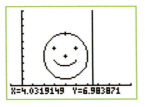

2 Ein „schlauer" Taschenrechner hätte den Kreis aus 1f als Ellipse dargestellt.

3 individuelle Lösung

4

a. 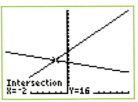 Die Gerade mit der Gleichung $y = -0,5x + 15$ liegt nicht im Zeichenbereich $-10 \leq x \leq 10$ und $-10 \leq y \leq 10$.

b. Schnittpunkt $S(-2|16)$

Wahrscheinlichkeit

1

a. Kugeln, Würfel, Kreisel, Karten
b. Kugeln: 0, 1, 2, 3, 4; Würfel: 1, 2, 3, 4, 5, 6; Kreisel: 1, 2, 3, 4, 5, 6, 7, 8; Reißzwecke: Kopf, Seite; Vierer-Legostein: Knöpfe oben, Knöpfe unten, Seitenlage; Karten: Herz As, Pik Dame, Karo 9, Karo Bauer, Kreuz 10, Herz 7.
c. Kugeln, Würfel, Kreisel, Karten.

2 Wahrscheinlichkeiten: Werfen einer „5": $\frac{1}{6}$; Werfen „einer ungeraden Zahl": $\frac{3}{6}$; Werfen einer „durch zwei teilbaren Zahl": $\frac{3}{6}$.

3 Wahrscheinlichkeiten: Drehen einer „7": $\frac{1}{8}$; Drehen „einer geraden Zahl": $\frac{4}{8}$; Drehen einer „durch drei teilbaren Zahl": $\frac{2}{8}$.

4 Wahrscheinlichkeiten: rote Kugel: $\frac{4}{12}$; grüne Kugel: $\frac{2}{12}$; gelbe Kugel: $\frac{1}{12}$.

5

Ergebnis	1	2	3	4	5	6
absolute Häufigkeit	12	89	28	32	98	16
relative Häufigkeiten	0,044	0,324	0,102	0,116	0,356	0,058
Erwartung bei 10 000 Würfen	500	3400	1100	1100	3400	500

6 Wahrscheinlichkeiten:
a. zwei Könige ziehen: $\frac{4}{32} \cdot \frac{3}{31} = \frac{3}{248}$;
b. Karo 7 ziehen: $\frac{1}{32}$;
c. ein As und eine Dame ziehen: $\frac{4}{32} \cdot \frac{4}{31} = \frac{1}{62}$.

Lösungen — Training

7

a.

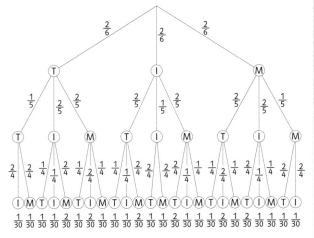

b. Wahrscheinlichkeiten:

MIT: $\frac{2}{6} \cdot \frac{2}{5} \cdot \frac{2}{4} = \frac{1}{15}$; TIM: $\frac{2}{6} \cdot \frac{2}{5} \cdot \frac{2}{4} = \frac{1}{15}$;

MTM: $\frac{2}{6} \cdot \frac{2}{5} \cdot \frac{1}{4} = \frac{1}{30}$; TTT: $\frac{2}{6} \cdot \frac{1}{5} \cdot \frac{0}{4} = 0$.

c. Das Ereignis „mindestens einmal den Buchstaben T ziehen" ist das Gegenereignis zu „den Buchstaben T nicht ziehen". Hierzu gibt es folgende Ergebnisse:

IIM: $\frac{2}{6} \cdot \frac{1}{5} \cdot \frac{2}{4} = \frac{1}{30}$ IMI: $\frac{2}{6} \cdot \frac{2}{5} \cdot \frac{1}{4} = \frac{1}{30}$

IMM: $\frac{2}{6} \cdot \frac{2}{5} \cdot \frac{1}{4} = \frac{1}{30}$ MII: $\frac{2}{6} \cdot \frac{2}{5} \cdot \frac{1}{4} = \frac{1}{30}$

MIM: $\frac{2}{6} \cdot \frac{2}{5} \cdot \frac{1}{4} = \frac{1}{30}$ MMI: $\frac{2}{6} \cdot \frac{1}{5} \cdot \frac{2}{4} = \frac{1}{30}$

Da diese sechs Ergebnisse das Ereignis „den Buchstaben T nicht ziehen" vollständig darstellen, beträgt die Wahrscheinlichkeit für „Nicht T" $6 \cdot \frac{1}{30} = \frac{1}{5}$, die Wahrscheinlichkeit für „mindestens ein T" also $1 - \frac{1}{5} = \frac{4}{5}$.

Alternativer Lösungsansatz: gekürztes Baumdiagramm

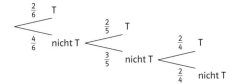

Wahrsch. für „nicht T" = $\frac{4}{6} \cdot \frac{3}{5} \cdot \frac{2}{4} = \frac{1}{5}$,

Wahrsch. für „mind. ein T" = $1 - \frac{1}{5} = \frac{4}{5}$

(oder direkt $\frac{2}{6} + \frac{4}{6} \cdot \frac{2}{5} + \frac{4}{6} \cdot \frac{3}{5} \cdot \frac{2}{4}$)

d. zu Teil b.: Wahrscheinlichkeiten:

MIT: $\frac{3}{9} \cdot \frac{3}{8} \cdot \frac{3}{7} = \frac{3}{56}$; TIM: $\frac{3}{9} \cdot \frac{3}{8} \cdot \frac{3}{7} = \frac{3}{56}$;

MTM: $\frac{3}{9} \cdot \frac{3}{8} \cdot \frac{2}{7} = \frac{1}{28}$; TTT: $\frac{3}{9} \cdot \frac{2}{8} \cdot \frac{1}{7} = \frac{1}{84}$.

zu Teil c.: Hierzu gibt es folgende Ergebnisse:

IIM: $\frac{3}{9} \cdot \frac{2}{8} \cdot \frac{3}{7} = \frac{1}{28}$ IMI: $\frac{3}{9} \cdot \frac{3}{8} \cdot \frac{2}{7} = \frac{1}{28}$

IMM: $\frac{3}{9} \cdot \frac{3}{8} \cdot \frac{2}{7} = \frac{1}{28}$ MII: $\frac{3}{9} \cdot \frac{3}{8} \cdot \frac{2}{7} = \frac{1}{28}$

MIM: $\frac{3}{9} \cdot \frac{3}{8} \cdot \frac{2}{7} = \frac{1}{28}$ MMI: $\frac{3}{9} \cdot \frac{2}{8} \cdot \frac{3}{7} = \frac{1}{28}$

MMM: $\frac{3}{9} \cdot \frac{2}{8} \cdot \frac{1}{7} = \frac{1}{84}$ III: $\frac{3}{9} \cdot \frac{2}{8} \cdot \frac{1}{7} = \frac{1}{84}$

Wahrscheinlichkeit („nicht T") beträgt $6 \cdot \frac{1}{28} + 2 \cdot \frac{1}{84} = \frac{5}{21}$, also Wahrscheinlichkeit (mindestens ein T) = $1 - \frac{5}{21} = \frac{16}{21}$

Alternativer Lösungsweg:

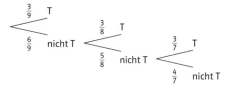

Wahrsch. für „nicht T" = $\frac{6}{9} \cdot \frac{5}{8} \cdot \frac{4}{7} = \frac{5}{21}$,

Wahrsch. für „mind. ein T" = $1 - \frac{5}{21} = \frac{16}{21}$

(oder direkt $\frac{3}{9} + \frac{6}{9} \cdot \frac{3}{8} + \frac{6}{9} \cdot \frac{5}{8} \cdot \frac{3}{7}$)

Wurzeln

1 121 ($\sqrt{121} = 11$); 144 ($\sqrt{144} = 12$); 169 ($\sqrt{169} = 13$); 196 ($\sqrt{196} = 14$)

2
a. Wert 4. $\sqrt{25-9}$; $\sqrt{16}$; $16 : \sqrt{16}$
b. Wert 10. $\sqrt{200} : \sqrt{2}$; $\sqrt{100}$; $\sqrt{3600} : \sqrt{36}$;
c. Wert $2\sqrt{15}$. $\sqrt{60}$; $\sqrt{4} \cdot \sqrt{15}$; $\sqrt{2} \cdot \sqrt{30}$

3
a. 3; 30; 300; 3000; 30000
b. 2; 0,2; 0,02; 0,002; 0,0002
c. 0,2; 0,3; 0,4; 0,5; 0,6; 0,7
d. 0,9; 1; 1,1; 1,2; 1,5; 1,6

4
a. 2; 5; 7; 100; 122; $169^2 = 28561$
b. $2^2 = 4$; $5^2 = 25$; $7^3 = 343$; $10^4 = 10\,000$; $13^6 = 4\,826\,809$; $4^2 = 16$
c. $a\sqrt{2}$; $2a$; $2a^2$; $10a$; $10a^3\sqrt{2}$; $3^2 a^2 = 9a^2$

5
a. $\sqrt{10^2} = 10$; $\sqrt{10^4} = 10^2 (= 100)$; $\sqrt{10^6} = 10^3 (= 1000)$; $\sqrt{10^8} = 10^4 (= 10\,000)$
b. $\sqrt{2^6} = 2^3 (= 8)$; $\sqrt{6^2} = 6$; $\sqrt{3^4} = 3^2 (= 9)$; $\sqrt{4^3} = \sqrt{2^3 \cdot 2^3} = 2^3 = 8$
c. $\sqrt{2^2} = 2$; $\sqrt{2^4} = 2^2$; $\sqrt{2^6} = 2^3$; $\sqrt{2^8} = 2^4$; $\sqrt{2^{10}} = 2^5$
d. $\sqrt{a^2} = a$; $\sqrt{4a^2} = 2a$; $\sqrt{(4a)^4} = (4a)^2 = 16a^2$; $\sqrt{25a^2b^2} = 5ab$

6
a. $2\sqrt{a}$ b. $a\sqrt{3}$ c. $a\sqrt{a}$
d. $3a\sqrt{2}$ e. $5a\sqrt{2a}$ f. $ab\sqrt{b}$
g. $4a\sqrt{5}$ h. $a^2b\sqrt{2b}$

7
a. $\sqrt{18}$ b. $\sqrt{125}$ c. $\sqrt{a^3}$
d. $\sqrt{18a^2b^4}$ e. $\sqrt{1000a^2}$ f. $\sqrt{a^5b^5}$
g. $\sqrt{507}$ h. $\sqrt{25\,000\,a^2b}$

Lösungen Training

8

a. $\sqrt{\frac{3^2 \cdot 2}{3}} = \sqrt{3 \cdot 2} \approx 2{,}45$

b. $\sqrt{\frac{2^2 a^2 5}{a^2}} = \sqrt{2^2 \cdot 5} \approx 4{,}47;\ a \neq 0$

c. $\sqrt{\frac{5^2 a^2}{a^3}} = \sqrt{\frac{5^2}{a}} = \frac{5}{\sqrt{a}};\ a > 0$

d. $\sqrt{\frac{a^2 b^4 c^6 \cdot 5^2 b^4}{a^2 b c^6}} = \sqrt{b^3 \cdot 5^2 b^4} = 5b^3\sqrt{b};\ b > 0;\ a, c \neq 0$

e. $\sqrt{\frac{25 a b^2 \cdot 2^2 a^2}{5 a^3 b}} = \sqrt{5b \cdot 2^2} = 2\sqrt{5b};\ a, b > 0$

Terme

1

a. $(41)^2 = (40 + 1)^2 = 40^2 + 2 \cdot 40 \cdot 1 + 1^2 = 1600 + 80 + 1 = 1681$
$(59)^2 = (60 - 1)^2 = 60^2 - 2 \cdot 60 \cdot 1 + 1^2 = 3600 - 120 + 1 = 3481$
$(71)^2 = (70 + 1)^2 = 70^2 + 2 \cdot 70 \cdot 1 + 1^2 = 4900 + 140 + 1 = 5041$
$(99)^2 = (100 - 1)^2 = 100^2 - 2 \cdot 100 \cdot 1 + 1^2 = 10\,000 - 200 + 1 = 9801$
$(52)^2 = (50 + 2)^2 = 50^2 + 2 \cdot 50 \cdot 2 + 2^2 = 2500 + 200 + 4 = 2704$
$(102)^2 = (100 + 2)^2 = 100^2 + 2 \cdot 100 \cdot 2 + 2^2 = 10\,000 + 400 + 4 = 10\,404$
$(97)^2 = (100 - 3)^2 = 100^2 - 2 \cdot 100 \cdot 3 + 3^2 = 10\,000 - 600 + 9 = 9409$

b. individuelle Lösung
z. B.: $(81)^2 = (80 + 1)^2 = 80^2 + 2 \cdot 80 \cdot 1 + 1^2 = 6400 + 160 + 1 = 6561$
$(68)^2 = (70 - 2)^2 = 4624$
$(73)^2 = (70 + 3)^2 = 5329$

2

a. $51 \cdot 49 = (50 + 1)(50 - 1) = 50^2 - 1^2 = 2500 - 1 = 2499$
$79 \cdot 81 = (80 - 1)(80 + 1) = 80^2 - 1^2 = 6400 - 1 = 6399$
$21 \cdot 19 = (20 + 1)(20 - 1) = 20^2 - 1^2 = 400 - 1 = 399$
$101 \cdot 99 = (100 + 1)(100 - 1) = 100^2 - 1 = 9999$
$92 \cdot 88 = (90 + 2)(90 - 2) = 90^2 - 2^2 = 8100 - 4 = 8096$

b. individuelle Lösung
z. B.: $43 \cdot 37 = (40 + 3)(40 - 3) = 1591$
$61 \cdot 59 = (60 + 1)(60 - 1) = 3599$
$78 \cdot 82 = (80 - 2)(80 + 2) = 6396$

3

a. $(20 + 1)^2 = 20^2 + 2 \cdot 20 + 1 = 400 + 40 + 1 = 441$
$(30 - 1)^2 = 30^2 - 2 \cdot 30 + 1 = 900 - 60 + 1 = 841$
$(100 - 1)(100 + 1) = 100^2 - 1 = 10\,000 - 1 = 9999$
$(50 - 2)(50 + 2) = 50^2 - 4 = 2500 - 4 = 2496$
$(100 + 2)^2 = 100^2 + 2 \cdot 200 + 4 = 10\,000 + 400 + 4 = 10\,404$

b. $(x + y)^2 = x^2 + 2xy + y^2;\ (c - d)^2 = c^2 - 2cd + d^2$
$(2x + y)(2x - y) = 4x^2 - y^2$
$(3x + 5y)^2 = 9x^2 + 30xy + 25y^2$
$(5a - 2b)(5a + 2b) = 25a^2 - 4b^2$

c. I $9a^2 + 6ac + c^2 = (3a + c)^2$
II $4 - 20v + 25v^2 = (2 - 5v)^2$
III $9 - 16w^2 = (3 - 4w)(3 + 4w)$
IV $0{,}36p^2 + 1{,}2pq + q^2 = (0{,}6p + q)^2$
V $81a^2 - 49b^2 = (9a + 7b)(9a - 7b)$

4

a. $(x + 2)(2x - 9) + (x + 3)^2 = (2x - 1)^2 - (x + 5)(x - 5)\ |\ TU$
$2x^2 - 9x + 4x - 18 + x^2 + 6x + 9 = 4x^2 - 4x + 1 - x^2 + 25\ |\ TU$
$3x^2 + x - 9 = 3x^2 - 4x + 26$ $\quad | -3x^2$
$x - 9 = -4x + 26$ $\quad | +4x$
$5x - 9 = 26$ $\quad | +9$
$5x = 35$ $\quad |:5$
$x = 7$

b. $4(18x^2 - 9) + 2 = 2(7 - 6x)(7 + 6x)$ $\quad | TU$
$72x^2 - 36 + 2 = 2(49 - 36x^2)$ $\quad | TU$
$72x^2 - 34 = 98 - 72x^2$ $\quad | +72x^2$
$144x^2 - 34 = 98$ $\quad | +34$
$144x^2 = 132$ $\quad |:12$
$12x^2 = 11$ $\quad |:12$
$x^2 = \frac{11}{12}$
$x_1 = \sqrt{\frac{11}{12}};$
$x_2 = -\sqrt{\frac{11}{12}}$

c. $(x + 1)^2 + (x + 4)^2 + (x - 5)^2 = 3x(x + 2) - 1$ $\quad | TU$
$x^2 + 2x + 1 + x^2 + 8x + 16 + x^2 - 10x + 25 = 3x^2 + 6x - 1\ |\ TU$
$3x^2 + 42 = 3x^2 + 6x - 1$ $\quad |-3x^2$
$42 = 6x - 1$ $\quad | +1$
$43 = 6x$ $\quad |:6$
$x = \frac{43}{6}$

d. $(9x - 2)^2 = (2 - 9x)^2$ $\quad | TU$
$81x^2 - 36x + 4 = 4 - 36x + 81x^2$
$0 = 0 \rightarrow L = \mathbb{R}$

5 Mögliche Lösungen:

a. $8a + 8b$
$= 8(a + b)$
$= 4(2a + 2b)$
$= 2(4a + 4b) = \ldots$

b. $6x - 10y$
$= 2(3x - 5y)$
$= 6\left(x - \frac{5}{3}y\right)$
$= 10\left(\frac{3}{5}x - y\right) = \ldots$

c. $4ax - 12bx$
$= 4x(a - 3b)$
$= 4(ax - 3bx)$
$= 2x(2a - 6b) = \ldots$

d. $5x + 7y$
$= 5\left(x + \frac{7}{5}y\right)$
$= 7\left(\frac{5}{7}x + y\right)$
$= 5x\left(1 + \frac{7y}{5x}\right) = \ldots$

e. $9x^2 + 6xy$
$= 3x(3x + 2y)$
$= 3(x^2 + 2xy)$
$= 6x(1{,}5x + y) = \ldots$

f. $9x^2 - 3xy$
$= 3x(3x - y)$
$= 3(3x^2 - xy)$
$= xy\left(\frac{9x}{y} - 3\right) = \ldots$

g. $9x^2 - 7y$
$= 9\left(x^2 - \frac{7}{9}y\right)$
$= 7\left(\frac{9}{7}x^2 - y\right)$
$= 7y\left(\frac{9x^2}{7y} - 1\right) = \ldots$

h. $9x^2 + 3x$
$= 3x(3x + 1)$
$= 3(3x^2 + x)$
$= 9x\left(x + \frac{1}{3}\right) = \ldots$

6

a. $\frac{2xy}{y} = 2x$
$\frac{3t(2 - 3t)}{3t} = 2 - 3t$
$\frac{5w^2(w + 2)}{5w^2} = w + 2$

b. $\frac{4xy(3x - y)}{4xy} = 3x - y$
$\frac{5ax(a - 4)}{5ax \cdot 2} = \frac{a - 4}{2x}$
$\frac{5u}{t(3 - 2t)}$

Lösungen ✏ Training

7
a. $(x-1)(x-2)$
$(x-1)(x+2)$
$(x+1)(x-2)$
$(x-1)(x+3)$

b. $(x-1)(x-3)$
$(a+10)(a+2)$
$(b+1)(b+15)$
$(y+3)(y-11)$

c. $(a+1)(a+7)$
$(a-1)(a+7)$
$(a+1)(a-7)$
$(a-1)(a-7)$

8
a. $7(x+y)$
$m(a-1)$
$(8x+y)(8x-y)$
$7(x+2y-3)$
$(x+9)^2$

c. $(6a+b)(6a-b)$
$(x+4)(x-2)$
$(2p+q)^2$
$(1+6y)^2$
lässt sich nicht faktorisieren

b. $(10m+7n)(10m-7n)$
$(x+4)(x-1)$
$(a-5)^2$
$(1+r)(1-r)$
$(x+4)(x+2)$

d. $11(3a^2+2ab+b^2)$
$(y+1)^2$
lässt sich nicht faktorisieren
$(11x-2y)^2$
$(a+0{,}5)^2$

Quadratische Gleichungen

1
a. A $(x-5)^2 - 1 = 0$; $x_1 = 6$; $x_2 = 4$
B $y(y-6) = 0$; $y_1 = 0$; $y_2 = 6$
C $(z+5)(z+1) = 0$; $z_1 = -1$; $z_2 = -5$
D $a - 7 = \pm\sqrt{25}$; $a_1 = 2$; $a_2 = 12$
E $b_{1,2} = \frac{7 \pm \sqrt{37}}{2}$

b. individuelle Lösungen

c. A quadratische Ergänzung $a_1 = -2$; $a_2 = -6$
pq-Formel (oder Faktorisieren, binomische Formel) $b = 4{,}5$
Faktorisieren $x_1 = 0$; $x_2 = \frac{3}{2}$
B Wurzelziehen $t_1 = \sqrt{8}$; $t_2 = -\sqrt{8}$
Ablesen $s_1 = 3$; $s_2 = -2$
quadratische Ergänzung (oder Faktorisieren, binomische Formel) $u = 0{,}2$
C Faktorisieren $z_1 = 0$; $z_2 = \frac{1}{12}$
Wurzelziehen $v_1 = \sqrt{72} + 7$; $v_2 = -\sqrt{72} + 7$
Ausmultiplizieren, pq-Formel $c_1 = 1$; $c_2 = -2$
D Umformen, a-b-c-Formel; $x_1 = \frac{9 + \sqrt{337}}{8}$; $x_2 = \frac{9 - \sqrt{337}}{8}$
Wurzelziehen; $p_1 = -6$; $p_2 = -2$
Faktorisieren; $q_1 = 0$; $q_2 = -3$

2
I $x_{1,2} = \frac{7 \pm \sqrt{89}}{2}$
II $x_1 = 5$; $x_2 = 2$
III keine Lösung
IV $v_1 = 4$; $v_2 = -2$
V $v_1 = 4$; $v_2 = -3$
VI $v_1 = 0$; $v_2 = 1$
VII $a_1 = -10$; $a_2 = -5$
VIII $a_1 = -15$; $a_2 = -50$
IX keine Lösung
X $s_1 = \sqrt{24} - 7$; $s_2 = -7 - \sqrt{24}$
XI $s_1 = \sqrt{17}$; $s_2 = -\sqrt{17}$
XII $s_{1,2} = \frac{-13 \pm \sqrt{69}}{2}$

3
I $3x + 1 = x^2 - 3$
$x_1 = -1$; $x_2 = 4$
II $-2x + 6 = -\frac{1}{2}x^2 + 4$
$x = 2$

4
a. verschobene Normalparabel mit Scheitel $S(-1|-2)$ geschnitten mit Parallele zur x-Achse durch $y = 2$
$x_1 = -3$; $x_2 = 1$

b. in y-Richtung gestauchte Normalparabel (Faktor $\frac{1}{2}$) mit dem Scheitel $(0|0)$, geschnitten mit Parallele zur 1. Winkelhalbierenden durch $(0|4)$
$x_1 = -2$; $x_2 = 4$

c. nach unten geöffnete, verschobene Normalparabel mit Scheitel $(-3|0)$ geschnitten mit Ursprungsgerade mit Steigung 2
$x_1 = -4 + \sqrt{7}$; $x_2 = -4 - \sqrt{7}$

d. nach unten geöffnete, um $+9$ in y-Richtung verschobene Normalparabel geschnitten mit Normalparabel mit Scheitel $S(1|0)$
$x_{1,2} = \frac{1 \pm \sqrt{17}}{2}$

5
a. $x_1 = 5$; $x_2 = -8$
für $x > 5$ oder $x < -8$
für $-8 < x < 5$
für $x_1 = 6$; $x_2 = -8$

b. $x_1 = -1$; $x_2 = -10$
für $x < -10$ oder $x > -1$
$x_{1,2} = -6 \pm \sqrt{26}$
keine Lösung

Lösungen — Teste dich selbst

T1

1
a. Für die Austrägerinnen müssten täglich 400 € aufgewendet werden. Dazu kommen Mietkosten von 200 € (bei 30 Tagen pro Monat). Mit der Post entstehen Kosten von 675 € pro Tag. Die Post ist teurer.
b. Bei einer Auflage von bis zu 1090 Zeitungen ist die Post günstiger. Ein Rückgang um fast 30 %. Die Auflage müsste um mindestens 30 % geringer sein.

2
a. 3 + 4 + 5 = 12 ist durch 3 teilbar,
32 + 33 + 34 = 99 ist durch 3 teilbar …
algebraisch: n + (n + 1) + (n + 2) = 3n + 3 = 3(n + 1)
3(n + 1) ist durch 3 teilbar.
b. 2 + 3 + 4 + 5 + 6 = 20 ist durch 5 teilbar,
12 + 13 + 14 + 15 + 16 = 70 ist durch 5 teilbar …
algebraisch: n + (n + 1) + (n + 2) + (n + 3) + (n + 4)
= 5n + 10 = 5(n + 2)
5(n + 2) ist durch 5 teilbar.

3 Die Getränkeverpackung ist kein Prisma, sondern eine Pyramide (genauer: ein Tetraeder).

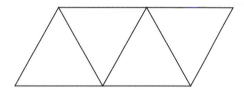

Teilflächen: 4 gleichseitige Dreiecke
Oberfläche: O = 4 · 72,24 cm² = 288,96 cm² ≈ 290 cm²

4
a. Oberfläche: $6 \cdot (12{,}7 \cdot 10^3)^2$ km² = 967,74 · 10⁶ km², also knapp 10⁹ km²
b. Gewicht etwa 338,7 · 10¹² kg
c. 76 · 10⁹ · 7 dm² = 532 · 10¹⁰ km² = 5320 km², d.h. die Verpackung für die Erde braucht fast 200 000-mal so viel Material.
$\left(\frac{10^9}{5{,}32 \cdot 10^3} \approx 2 \cdot 10^5\right)$

5
a. B $(3y - 0{,}5x)^2 = 9y^2 - 3yx + 0{,}25x^2$
$(3p - a)(3p + a) = 9p^2 - a^2$
$\left(\frac{a}{5} - 5b\right)^2 = \frac{a^2}{25} - 2ab + 25b^2$
$\left(\frac{a}{6} - \frac{b}{3}\right)^2 = \frac{a^2}{36} - \frac{ab}{9} + \frac{b^2}{9}$
b. B $121y^2 - 44yz + 4z^2 = (11y - 2z)^2$
$1{,}69c^2 - 1{,}96d^2 = (1{,}3c + 1{,}4d)(1{,}3c - 1{,}4d)$
$144a^2 + 12ab + 0{,}25b^2 = (12a + 0{,}5b)^2$
$100u^2 - 2ur + 0{,}01r^2 = (10u - 0{,}1r)^2$

6
a. $x = -\frac{1}{19}$
b. 12 = 18; diese Gleichung hat keine Lösung.
c. 40 = 40; diese Gleichung ist allgemeingültig.

7
a. y = –x + 4
b. Nein. Wenn man x = 1 und y = 2 in die Geradengleichung einsetzt, erhält man auf der linken Seite den Wert 2, auf der rechten Seite aber den Wert 3.

8 Beispiele: 3x – 10 = y oder x + 2 = y oder –0,5x + 11 = y oder –100x + 608 = y
Für alle Gleichungen muss gelten, dass sie von dem x-Wert und dem y-Wert erfüllt werden.

T2

1 S(4|3)

2 Die Gerade hat die Gleichung $y = -2x + \frac{7}{4}$. Sie schneidet die y-Achse im Punkt $S\left(0 \mid \frac{7}{4}\right)$.

3

Aussage	Richtig	Falsch	Begründung
A	x		Im Baumdiagramm sind die möglichen Ergebnisse rot, grün, blau angegeben.
B	x		Beim ersten Ziehen von blau ist eine Wahrscheinlichkeit von 0,4 angegeben.
C		x	Am Baumdiagramm erkennt man, dass zweimal ein Zettel gezogen wird (zweistufiges Zufallsexperiment).
D	x		Beim ersten Ziehen von grün bzw. blau ist jeweils die Wahrscheinlichkeit 0,4 angegeben, deswegen müssen sich in der Schachtel genauso viele grüne wie blaue Zettel befinden.
E		x	Da sich die Wahrscheinlichkeiten nach dem ersten Ziehen ändern, wurde der Zettel nicht zurückgelegt.
F	x		Das Baumdiagramm bildet ein zweistufiges Zufallsexperiment ab.
G		x	Nach dem ersten Ziehen eines roten Zettels verringert sich die Wahrscheinlichkeit auf null, dies bedeutet, es ist kein roter Zettel mehr vorhanden. Deswegen war nur ein roter Zettel in der Schachtel.
H	x		Da mit dem ersten Ziehen eines roten Zettels die Wahrscheinlichkeit 0,2 verbunden ist, entsprechen 0,4 beim ersten Ziehen von grün bzw. blau zwei Zettel. Damit lagen zu Beginn insgesamt 5 Zettel in der Schachtel.
I	x		Zu betrachten sind die Pfade rot-grün, grün-rot und grün-grün. Die Wahrscheinlichkeiten addieren sich: 0,2 · 0,5 + 0,4 · 0,25 + 0,4 · 0,25 = 0,3.

4 $9 < \sqrt{90} < 10$

5
a. 15   b. 110   c. 0,003   d. $6\sqrt{5}$ e. 27   f. $16\sqrt{2}$

6
a. $\sqrt{3}$ b. 9   c. 3   d. 3   e. $8\sqrt{2}$

Lösungen [T] Teste dich selbst

7

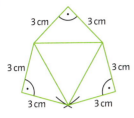

8 Zum Mitnehmen: 46,80 € entsprechen 107 %.
Rechnung: 46,80 € : 107 · 100 = 43,74 €.
Im Restaurant: 46,80 € entsprechen 119 %.
Rechnung: 46,80 € : 119 · 100 = 39,33 €.
Das Restaurant verdient 4,41 € mehr, wenn die Mädchen ihre Speisen mitnehmen.

T3

1 Mögliche Lösungen:

a. $\frac{1}{2}r^2 + \frac{3}{4}rs = \frac{1}{2}r\left(r + \frac{3}{2}s\right)$

b. $0{,}6\,ab^2 + 0{,}9\,a^2b = 0{,}3\,ab\,(2b + 3a)$

c. $9v^2 - 12vw + 4w^2 = (3v - 2w)^2$

d. $\frac{1}{4}a^2 - \frac{1}{9}b^2 = \left(\frac{a}{2} + \frac{b}{3}\right) \cdot \left(\frac{a}{2} - \frac{b}{3}\right)$

2

a. 1, 3, 7, 15, 31, 63, … $m(n) = 2^n - 1$

b. 1, 4, 13, 40, 121, 364
Die Differenzen sind 3, 9, 27, 81, 243, also die Dreierpotenzen.
Mögliche rekursive Definitionen:
$g(1) = 1$; $g(n) = g(n-1) + 3^{n-1}$
oder $g(1) = 1$; $g(n) = 3 \cdot g(n-1) + 1$

3
a.

Brenndauer (in Stunden)	Höhe der Kerze (in cm)
0	12
1	10,7
2	9,4
3	8,1
4	6,8
5	5,5
6	4,2
7	2,9
8	1,6
9	0,3
(10)	(−1)

b.

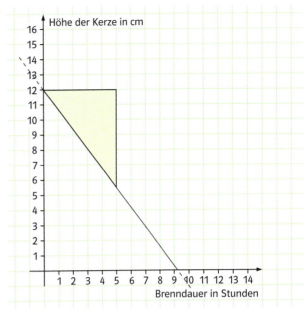

c. Es handelt sich um eine Funktion, da jedem Zeitpunkt der Brenndauer nur eine einzige Höhe zugeordnet wird.
Es ist eine lineare Funktion mit dem Funktionsterm
$f(x) = 12 - 1{,}3x$.

d. Lösung der Gleichung $12 - 1{,}3x = 3$ führt zu $x \approx 6{,}92$, bzw. Ablesen der Lösung am Graphen führt zu $x \approx 6{,}9$.
Antwort: Die Kerze ist nach einer Brenndauer von ca. 6 Stunden und 55 bzw. 6 Stunden und 54 Minuten nur noch 3 cm hoch.
Lösung der Gleichung $12 - 1{,}3x = 0$ führt zu $x \approx 9{,}23$, bzw. Ablesen der Lösung am Graphen führt zu $x \approx 9{,}2$.
Antwort: Die Kerze ist nach einer Brenndauer von ca. 9 Stunden und 14 bzw. 9 Stunden und 12 Minuten ganz abgebrannt.

4 Sobald das Gespräch zustande kommt, muss der Anrufer drei Euro bezahlen, für diese drei Euro kann er 10 Minuten telefonieren. Nach 10 Minuten wird das Gespräch immer teurer, wobei jede Gesprächsminute teurer ist als die vorangegangene.

5

a. Kosten: 75 ct + 29 · 1,5 ct = 118,5 ct.
Das 30-Minuten-Gespräch kostet 1,19 Euro.

b. Beim alten Tarif kostet das 25-Minuten-Gespräch:
75 ct + 24 · 1,5 ct = 111 ct.
Für die Berechnung des neuen Minutenpreises muss die folgende Gleichung gelöst werden. (x steht dabei für den neuen Minutenpreis ab der 2. Minute)

30 ct + 24 · x = 111 ct + 15 ct
30 ct + 24 · x = 126 ct | − 30 ct
        24 · x = 96 ct | : 24
             x = 4 ct

Beim neuen Tarif kostet jede weitere Gesprächsminute 4 ct.
Mit der folgenden Gleichung kann man berechnen, für welche Gesprächsdauer der Preis beim alten und neuen Tarif gleich ist. (t steht dabei für die Gesprächsdauer.)

75 + 1,5 · t = 30 + 4 · t | − 30
45 + 1,5 · t = 4 · t | − 1,5 · t
45   = 2,5 · t | : 2,5
18   = t

Lösungen [T] Teste dich selbst

Daher gilt: Alle Gespräche unter 18 Minuten sind mit dem neuen Tarif billiger. Alle Gespräche über 18 Minuten sind mit dem neuen Tarif teurer.

6

a. Auflösen mit dem Additionsverfahren:
I $3x - 2y = 10$ $\mid \cdot 2$
II $2x + 5y = 13$ $\mid \cdot (-3)$

I $6x - 4y = 20$
II $-6x - 15y = -39$
Addition von I und II ergibt:
$-19y = -19$ $\mid :(-19)$
$y = 1$
Einsetzen in (I):
$3x - 2 = 10$ $\mid + 2$
$3x = 12$ $\mid :3$
$x = 4$
Lösung des Gleichungssystems: $x = 4$; $y = 1$

b. Umformung der zweiten Gleichung:
I $6x - 5y = 2$ $\mid \cdot 3$
II $3x - 3y = -2$ $\mid \cdot (-5)$

I $18x - 15y = 6$
II $-15x + 15y = 10$

Aus I + II folgt:
$3x = 16$ $\mid :3$
$x = \frac{16}{3} = 5\frac{1}{3}$
Einsetzen in II:
$3y = 3 \cdot 5\frac{1}{3} + 2$
$3y = 18$ $\mid :3$
$y = 6$
Lösung des Gleichungssystems: $x = 5\frac{1}{3}$; $y = 6$

c. Division der ersten Gleichung durch 2 bzw. Multiplikation der zweiten Gleichung mit dem Faktor 6 ergeben:
I $3x + 2y = 4,5$
II $3x + 2y = 6$
Das Gleichungssystem hat somit keine Lösungen.

T4

1

	Hypotenuse	Längere Kathete	Kürzere Kathete
Rechtwinkliges Dreieck	12,23	10,22	6,72
Rechtwinkliges Dreieck	13,51	10,50	8,50
Rechtwinkliges Dreieck	15,35	12,43	9,01
Rechtwinkliges Dreieck	12,82	11,75	5,12

2

a. Bei einem 100-m-Rennen muss die 50-m-Bahn zweimal durchschwommen werden, daher muss Schwimmer B 4 mm weiter schwimmen. Weltklasseschwimmer schaffen 100 m in weniger als 50 Sekunden, das heißt, dass sie pro Sekunde mehr als 2 m schwimmen. In einer Zehntelsekunde schwimmen sie also mehr als 0,2 m = 20 cm. In einer Hundertstelsekunde schwimmen sie daher mehr als 2 cm und in einer Tausendstelsekunde schwimmen sie mehr als 2 mm. Der Schwimmer A war daher nicht schneller als Schwimmer B, denn er hätte in der Tausendstelsekunde, die er Vorsprung hatte, mehr als 2 mm zurückgelegt, aber nicht mehr als 4 mm.

b. Das Rennen ist 4000 m lang. Der Zweite benötigt 200,25 Sekunden. Seine Geschwindigkeit beträgt:
4000 m : 200,25 s = 19,975 m/s.
In der Siegerzeit von 200 Sekunden hat der Zweitplatzierte 19,975 m/s · 200 = 3995,01 Meter zurückgelegt. Wären beide Rennläufer zeitgleich gestartet, hätte der erste einen Vorsprung von 4,99 m herausgeholt.

3

a. Werkstück I: Grundfläche: $A = (4 \cdot 2,5 - 1,5 \cdot 1)\,cm^2$
$= (10 - 1,5)\,cm^2 = 8,5\,cm^2$
Volumen $V = 8,5\,cm^2 \cdot 8\,cm = 68\,cm^3$

b. Werkstück II: Volumen Z des aufgesetzten Zylinders ohne Ausschnitt: $Z = 2^2 \cdot \pi \cdot 2 = 8 \cdot \pi\,cm^3$. Ein Achtel des Zylinders ist ausgeschnitten: gesuchtes Volumen
$V_1 = \frac{7}{8} \cdot 8\pi\,cm^3 = 7\pi\,cm^3 \approx 22\,cm^3$
Volumen Q des Quaders ohne Ausschnitt:
$Q = 4 \cdot 4 \cdot 2\,cm^3 = 32\,cm^3$. Ein Achtel des Quaders ist ausgeschnitten. Volumen V_2 des ausgeschnittenen Quaders:
$V_2 = \frac{7}{8} \cdot 32\,cm^3 = 28\,cm^3$. Das Volumen V des gesamten Werkstücks beträgt: $V \approx 50\,cm^3$.

c. Werkstück I hat eine Masse von 523,6 g. Werkstück II hat eine Masse von ca. 385,0 g.

4

Das Volumen V_W des Würfels beträgt $4 \cdot 4 \cdot 4\,cm^3 = 64\,cm^3$.
Das Volumen des Quaders beträgt ebenfalls $64\,cm^3$.
Der Quader besitzt die Höhe h. Es gilt: $64 = 3 \cdot 5 \cdot h$.
$h = (64 : 15)\,cm \approx 4,27\,cm$. Die Höhe des Quaders beträgt etwa 4,27 cm.

5

a. $f_1(x) = -(x+1)^2 + 2 = -x^2 - 2x + 1$
$f_2(x) = \frac{1}{2}(x-3)^2 - 1 = \frac{1}{2}x^2 - 3x + \frac{7}{2}$

Vorgehen:
- Scheitelpunkt $S(x_1 | y_1)$ ablesen und in Scheitelform $f(x) = a(x - x_1)^2 + y_1$ einsetzen.
- Weiteren Punkt ablesen und einsetzen. Dadurch lässt sich a bestimmen.

Lösungen [T] Teste dich selbst

b.

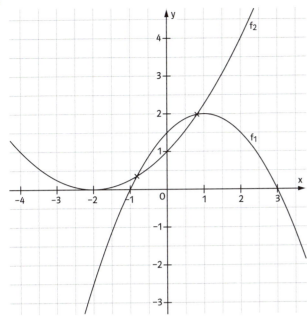

Vorgehen:
- Scheitelpunkt $S(x_1|y_1)$ aus der Funktionsgleichung ablesen und einzeichnen.
- Weitere Punkte berechnen und eintragen.
- Punkte verbinden.

T5

1
a. geeignete Verfahren: Graph zeichnen; quadratisch ergänzen; faktorisieren; Lösungsformel
Lösung: $x_1 = 2$; $x_2 = 10$
b. geeignete Verfahren: Graph zeichnen; ausmultiplizieren, umformen und Wurzel ziehen
Lösung: $x_1 = -7$; $x_2 = 7$
c. geeignete Verfahren: quadratisch ergänzen, Lösungsformel
Lösung: $x_1 = -\frac{4}{9} + \sqrt{\frac{232}{81}}$; $x_2 = -\frac{4}{9} - \sqrt{\frac{232}{81}}$
d. geeignete Verfahren: Gleichung umformen und ausklammern; Graph zeichnen
Lösung: $x_1 = 0$; $x_2 = 6$
e. geeignete Verfahren: Gleichung umformen und Wurzel ziehen; Graph zeichnen
Lösung: $x_1 = 2$; $x_2 = 8$
f. geeignete Verfahren: Gleichung umformen und Wurzel ziehen; Graph zeichnen
Lösung: $x_1 = \sqrt{30{,}5}$; $x_2 = -\sqrt{30{,}5}$
g.
$$\begin{aligned}
x^2 + 7x + b &= 0 & | -b \\
x^2 + 7x &= -b & | \text{ergänzen} \\
x^2 + 7x + \left(\tfrac{7}{2}\right)^2 &= -b + \left(\tfrac{7}{2}\right)^2 & | \text{TU (binomische Formel)} \\
\left(x + \tfrac{7}{2}\right)^2 &= \left(\tfrac{7}{2}\right)^2 - b & |
\end{aligned}$$

$x + \tfrac{7}{2} = \sqrt{\left(\tfrac{7}{2}\right)^2 - b}$ oder $x + \tfrac{7}{2} = -\sqrt{\left(\tfrac{7}{2}\right)^2 - b}$ $\quad | -\tfrac{7}{2}$

$x = -\tfrac{7}{2} + \sqrt{\left(\tfrac{7}{2}\right)^2 - b}$ oder $x = -\tfrac{7}{2} - \sqrt{\left(\tfrac{7}{2}\right)^2 - b}$

Die Gleichung hat 2 Lösungen, wenn in der vierten Zeile die rechte Seite positiv ist, also wenn $\left(\tfrac{7}{2}\right)^2 > b$ ist; sie hat eine Lösung, wenn die rechte Seite 0 ist, also wenn $\left(\tfrac{7}{2}\right)^2 = b$ ist; sie hat keine Lösung, wenn die rechte Seite negativ ist, also wenn $\left(\tfrac{7}{2}\right)^2 < b$ ist.

2
Das Verfahren kann nur bei Gleichungen der Form $(\ )\cdot(\ ) = 0$ angewendet werden.
Richtig ist z. B.:
$$\begin{aligned}
(x+5)(x-3) &= 9 & | \text{TU} \\
x^2 + 2x - 15 &= 9 & | +15 \\
x^2 + 2x &= 24 & | \text{quadratische Ergänzung} \\
x^2 + 2x + 1 &= 25 & | \text{binomische Formel} \\
(x+1)^2 &= 25
\end{aligned}$$
$x + 1 = 5$ oder $x + 1 = -5$ $\quad | -1$
$x = 4$ oder $x = -4$
Lösungen: $x_1 = 4$ und $x_2 = -4$

3
Lösungen:
a. 18-mal
b. $(n-1)\cdot(m-1)$-mal
c. Randstücke: $2\cdot m + 2\cdot n - 4$; Innenstücke: $(m-2)\cdot(n-2)$

4
a. $f(x) = (x-2)^4$
b. $g(x) = (x+1)^2 - 2$
c. $h(x) = -(x+0{,}5)^3 + 2$

5
a. $0{,}2 \in \mathbb{Q}, \mathbb{R}$
b. $\sqrt{18} \in \mathbb{R}$
c. $1{,}213\,141\,516\ldots \in \mathbb{R}$
d. $-5 \in \mathbb{Z}, \mathbb{Q}, \mathbb{R}$
e. $\sqrt{16} \in \mathbb{N}, \mathbb{Z}, \mathbb{Q}, \mathbb{R}$
f. $-\sqrt{3} \in \mathbb{R}$
g. $16 \in \mathbb{N}, \mathbb{Z}, \mathbb{Q}, \mathbb{R}$

6
a. Wahr, da 0,5 und $\sqrt{0{,}5} = 0{,}7071\ldots$ größer als 0,4, aber kleiner als 1 sind.
b. Falsch, da $(\sqrt{2} + \sqrt{3})^2 = 2 + 2\sqrt{2}\sqrt{3} + 3$. Das Produkt $\sqrt{2}\sqrt{3}$ ist irrational.

Mathematische Begriffe

Folgende mathematische Begriffe spielen in den genannten Lernumgebungen eine wichtige Rolle.

Abbildung 28
Eine geometrische Abbildung beschreibt, wie die Punkte einer Originalfigur den Punkten der Bildfigur zugeordnet werden.

abc-Formel 23
Eine quadratische Gleichung in der allgemeinen Form $ax^2 + bx + c = 0$ kann man mithilfe der abc-Formel lösen. Die Lösungen sind
$$x_{1,2} = \frac{-b \pm \sqrt{b^2 - 4ac}}{2a}$$

Abstand
Der Abstand eines Punktes zu einer Geraden ist die Länge des Lots vom Punkt P zur Geraden g.

achsensymmetrisch, Achsenspiegelung 28
Eine achsensymmetrische Figur kommt mit sich zur Deckung, wenn sie an einer Spiegelachse (Symmetrieachse) entsprechend gespiegelt wird.

Additionsverfahren 17
Ein lineares Gleichungssystem mit zwei Gleichungen und zwei Variablen kann gelöst werden, indem man (evtl. nach Multiplikation einer Gleichung mit einem Faktor) die beiden Gleichungen addiert, sodass die sich ergebende Gleichung nur noch eine Variable enthält. Beispiel:
I $\quad 2x + 3y = 7$
II $\quad x - 3y = 8$
I + II $\quad 3x = 15 \quad x = 5$
$\quad\quad\quad\quad\quad\quad\quad\quad y = -1$

ähnlich
Wenn bei einer geometrischen Abbildung die Originalfigur und die Bildfigur dieselbe Form haben, bleiben alle Winkel und Seitenverhältnisse der Figur gleich groß. In der Geometrie nennt man diese Figuren dann ähnlich.

allgemeingültig 2
Die Gleichung $2x + 4 = 2x + 4$ ist für alle Zahlen erfüllt. Die Gleichung ist allgemeingültig.

antiproportional 15
siehe umgekehrt proportional

äquivalent 2
siehe Term

Äquivalenzumformung 2
Durch eine Äquivalenzumformung überführt man eine Gleichung in eine gleichwertige / äquivalente Gleichung.
$3x - 2 = 2x + 1 \quad | +2$
$3x = 2x + 3$

arithmetisches Mittel 9
Man berechnet das arithmetische Mittel, indem man alle Werte addiert und dann die Summe durch die Anzahl der Werte teilt.

Assoziativgesetz
Beim Addieren ist es manchmal geschickt, Klammern zu versetzen, die Summe bleibt dabei gleich. Diese Eigenschaft nennt man Assoziativgesetz. Algebraisch ausgedrückt:
$a + (b + c) = (a + b) + c$
Das Assoziativgesetz gilt auch für die Multiplikation:
$a \cdot (b \cdot c) = (a \cdot b) \cdot c$

ausklammern 13
In $3b^2 - b$ lässt sich b ausklammern.
$3b^2 - b = b \cdot (3b - 1)$.

Außenwinkel
Die gefärbten Winkel heißen Außenwinkel.

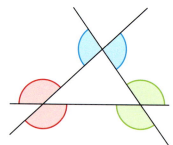

124

Balkendiagramm	siehe Diagramm	**Boxplot**	Ein Boxplot ist ein Kennwertdiagramm, in dem die Kennwerte Minimum, Maximum, unteres und oberes Quartil sowie Zentralwert eingetragen werden.
Basis	siehe Potenz		
Baumdiagramm 8	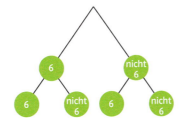		

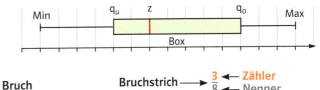

Betrag 9	Den Abstand einer Zahl zur Null auf der Zahlengerade nennt man Betrag der Zahl. Man schreibt (zum Beispiel) $\lvert -3 \rvert = 3$.	**Bruch** 9	Bruchstrich → $\frac{3}{8}$ ← Zähler / ← Nenner
Beweis 27	Ein Beweis ist eine schlüssige, lückenlose Argumentationskette, die aufgestellt wird, um die Gültigkeit einer Aussage / Behauptung unmissverständlich und unwiderruflich zu belegen.	**Cavalieri, Prinzip von** 21	„Zwei Körper, die auf gleicher Höhe geschnitten immer die gleiche Fläche haben, besitzen das gleiche Volumen." Dieses Prinzip gilt für gerade und schiefe Körper.
		Deckfläche 4; 21	siehe Prisma und Grundfläche
		deckungsgleich 28	siehe kongruent
Beweis, indirekter 27	Man beweist eine Behauptung indirekt, indem man ausgehend von der Voraussetzung und der negierten Behauptung durch logisches Schließen einen Widerspruch herleitet.	**Dezimalzahl** 9; 27	$1{,}43 = 1 + \frac{4}{10} + \frac{3}{100}$
		Dezimalzahl, abbrechend 9; 27	$\frac{5}{4} = 5 : 4 = 1{,}25$
Billiarde	10^{15}	**Dezimalzahl, periodisch** 27	$\frac{1}{3} = 1 : 3 = 0{,}333 \ldots = 0{,}\overline{3}$
Billion	10^{12}		
Binom 5	Der Begriff kommt aus dem Lateinischen: bi – „zwei", nom – „Name"; Beispiele: $x + y$; $a - b$; $a^2 - b$	**Diagonale, diagonal** 3; 4	Die Verbindungsstrecke nicht nebeneinander liegender Punkte in einem Vieleck heißt Diagonale.
Binomische Formeln 5; 19	$(a + b)^2 = a^2 + 2ab + b^2$ $(a - b)^2 = a^2 - 2ab + b^2$ $(a + b) \cdot (a - b) = a^2 - b^2$		

Diagramm / Grafik	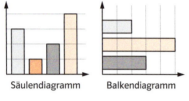  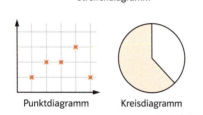	Dreieck 3; 19	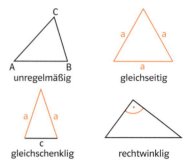
Dichte	Die Dichte eines Körpers ist das Verhältnis seiner Masse zu seinem Volumen. Sie wird z. B. in g/cm³ angegeben.	Dreieck, Flächeninhalt 4	Der Flächeninhalt eines Dreiecks ist halb so groß wie das Produkt der Länge einer Seite und der auf dieser Seite errichteten Höhe des Dreiecks.
dichte Menge 27	Wenn in einer Zahlenmenge zwischen zwei Zahlen dieser Menge stets eine weitere Zahl dieser Menge liegt, dann sagt man, die Menge sei dicht. Ein Beispiel ist die Menge der rationalen Zahlen ℚ.	Dreieck, gleichseitiges 3	Ein Dreieck mit drei gleich langen Seiten heißt gleichseitig. Alle Innenwinkel sind 60° groß. Siehe auch regelmäßige Vielecke.
Distributivgesetz	Es ist egal, ob man eine Zahl mit einer Summe multipliziert oder die Summanden mit der Zahl multipliziert und dann addiert. Algebraisch ausgedrückt lautet das Distributivgesetz: a · (b + c) = a · b + a · c	Einsetzungs-verfahren 17	Ein lineares Gleichungssystem mit zwei Gleichungen und zwei Variablen kann gelöst werden, indem man (evtl. nach Umformung einer Gleichung), die Variable in einer Gleichung durch einen gleichwertigen Term der anderen Gleichung ersetzt. z. B. I x + 2y = 9 II y = 12 − x (einsetzen in I) x + 2 · (12 − x) = 9 x = 15 y = − 3
Drachenviereck 28; 30		Ereignis 8	Wenn man bei einem Zufallsexperiment mehrere Ergebnisse zusammen betrachtet, so spricht man von einem Ereignis. Beispiel: Ein Würfel wird geworfen. Die Augenzahl ist gerade.
		erweitern	$\frac{1}{5}$ mit 3 erweitern: $\frac{1}{5} \cdot \frac{3}{3} = \frac{3}{15}$
Drehung 28	Die Drehung ist eine Kongruenzabbildung.	Exponent / Hochzahl	siehe Potenz

faktorisieren 13	Faktorisieren bedeutet, eine Summe oder eine Differenz als Produkt zu schreiben. Beispiel: $x^2 - 4x + 4 = (x-2) \cdot (x-2)$	**Funktionsterm** 15	Der Funktionsterm der Wurzelfunktion lautet $\sqrt{x}$.
figurierte Zahlen 2	Beispiel: Dreieckszahlen	**Ganze Zahlen** 2; 27	$\ldots; -3; -2; -1; 0; 1; 2; \ldots$ Die natürlichen Zahlen und ihre negativen Gegenzahlen (einschließlich Null) nennt man ganze Zahlen. Sie werden mit $\mathbb{Z}$ bezeichnet.
Flächeninhalt 4	(Einheiten und Umrechnungen vgl. Tabelle am Ende des Buches)	**Gegenzahl**	„+ 0,2 ist die Gegenzahl von – 0,2."
Folge 14	Ist jeder natürlichen Zahl n in eindeutiger Weise eine Zahl zugeordnet, so bezeichnet man diese Zuordnung als Folge. Ein Beispiel ist die Folge der Quadratzahlen $f_n = n^2$.	**Gerade, Halbgerade**	
Folge, explizit definiert 14	Eine Folge heißt explizit definiert, wenn sich die Folgenwerte durch Einsetzen in die Formel direkt berechnen lassen.	**Geradengleichung** 6	Geraden können durch eine Gleichung der Form $y = mx + c$ beschrieben werden. Hierbei gibt m die Steigung an und c ist der y-Achsenabschnitt.
Folge, rekursiv definiert 14	Eine Folge heißt rekursiv definiert, wenn sich die Folgenwerte aus Vorgängerwerten berechnen lassen.	**Gleichsetzungsverfahren** 17	Ein lineares Gleichsetzungssystem mit zwei Gleichungen und zwei Variablen kann gelöst werden, indem man (evtl. nach Umformung einer oder beider Gleichungen) die beiden gleichwertigen Terme gleichsetzt. z. B. I $7x - 5 = 2y$ II $2x + 5 = 2y$ $7x - 5 = 2x + 5 \quad\quad x = 2$ $\quad\quad\quad\quad\quad\quad\quad\quad y = 4,5$
Formel 2	$A = l \cdot b$ ist die Formel zur Berechnung des Flächeninhalts eines Rechtecks mit der Seitenlänge l und der Breite b.		
Funktion 15	Eine eindeutige Zuordnung nennt man Funktion.	**Gleichung** 2; 22	Werden zwei Terme gleichgesetzt, so erhält man eine Gleichung. Beispiel: $2x + 3 = x + 5$ Diese Gleichung hat die Lösung $x = 2$.
Funktionsgraph 15	Beispiel 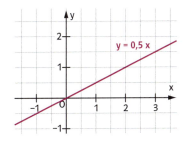	**Gleichungssystem** 17	Ein Gleichungssystem enthält mehrere Gleichungen mit mehreren Variablen, die gleichzeitig erfüllt werden müssen.

127

gleichwertig 2	siehe Term	**Höhe (im Dreieck)** 4	Im Dreieck heißt die kürzeste Verbindungsstrecke von einem Eckpunkt zur gegenüberliegenden Dreiecksseite (oder ihrer Verlängerung) Höhe.
Gleitspiegelung 28	Eine Gleitspiegelung ist eine Spiegelung an einer Geraden mit einer anschließenden Verschiebung parallel zu dieser Geraden.	**Höhe, Körper** 4; 21	siehe Prisma
Graph 9; 15; 16	Mithilfe von Graphen kann man die Abhängigkeit zwischen zwei Größen im Koordinatensystem darstellen. Je nach Sachverhalt können Graphen aus isolierten Punkten, nicht zusammenhängenden oder durchgezogenen Linien bestehen.	**Hyperbel** 15	Der Graph der Funktion $f(x) = \frac{1}{x}$ heißt Hyperbel.
		Hypotenuse 19	Im rechtwinkligen Dreieck heißt die dem rechten Winkel gegenüberliegende Seite Hypotenuse.

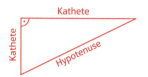

Grundfläche 4; 21	siehe Prisma		
Grundwert 12	Der Grundwert bezeichnet das Ganze, also die Zahl oder Größe, von der ein Anteil in Prozent oder der Prozentwert zu einem bestimmten Prozentsatz berechnet wird. siehe auch Prozent	**Inkreis**	

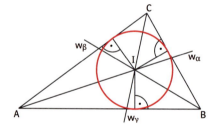

Häufigkeit 8	Trifft ein Spieler 7 von 12 Bällen ins Tor, dann ist die Anzahl 7 die absolute Häufigkeit, mit der er trifft. Der Anteil an der Gesamtzahl wird auch relative Häufigkeit genannt $\left(\frac{7}{12}\right)$.	**Innenwinkel**	Die gefärbten Winkel heißen Innenwinkel.

Häufigkeitstabelle

Tag	Besucherzahl
Do.	198
Fr.	254
Sa.	56
So.	453

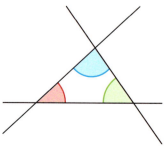

Heron-Verfahren 9	Quadratwurzeln können schrittweise genauer berechnet werden. Man spricht dabei von Iterationen. Ein solches Verfahren ist das Heron-Verfahren.	**Irrationale Zahlen** 27	Nicht abbrechende, nicht periodische Dezimalzahlen nennt man irrationale Zahlen. Beispiele sind π und $\sqrt{2}$.

Iteration 9	Iteration bedeutet Wiederholung. Gemeint ist hier die wiederholte Anwendung derselben Rechenverfahren. siehe auch Heron-Verfahren	**Kongruenzsätze (SSS, SWS, WSW, SsW)** 28	Zwei Dreiecke sind kongruent, wenn sie in drei Stücken übereinstimmen.

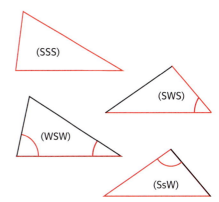

Kapital	entspricht Grundwert G		
Kathete 19	Im rechtwinkligen Dreieck heißen die beiden Schenkel des rechten Winkels Katheten. siehe auch Hypotenuse		
Kennwert	Kennwerte helfen, große Datenmengen zu beschreiben. Zu den Kennwerten gehören arithmetisches Mittel, Zentralwert, Quartile, Minimum und Maximum.	**Konstruktionsbeschreibung** 28	Eine Konstruktionsbeschreibung muss alle Konstruktionsschritte eindeutig und genau beschreiben, sodass jemand, der nur die Beschreibung liest und die Konstruktion nicht kennt, genau die gewünschte Konstruktion ausführen kann.
Klammern	Was in Klammern steht, wird zuerst berechnet. Sind Klammern ineinander geschachtelt, so werden innere Klammern zuerst berechnet.	**Koordinaten** 16	A(3|2) heißt: der Punkt A hat die x-Koordinate 3 und die y-Koordinate 2.
Kommutativgesetz	Beim Addieren ist es manchmal geschickt, Summanden zu vertauschen. Die Summe bleibt gleich. Diese Eigenschaft nennt man Kommutativgesetz. Algebraisch ausgedrückt: Für beliebige Zahlen a und b gilt: $a + b = b + a$. Entsprechendes gilt für die Multiplikation: $a \cdot b = b \cdot a$	**Koordinatensystem** 16	Ein (kartesisches) Koordinatensystem wird durch zwei senkrecht aufeinander stehende Achsen gebildet. (0|0) bezeichnet man als Ursprung.
kongruent 28	Figuren, die durch Spiegelung, Drehung und Verschiebung zur Deckung gebracht werden können, nennt man kongruent (deckungsgleich).		
Kongruenzabbildungen 28	Spiegelung (Achsen- und Punktspiegelung), Drehung, Verschiebung; siehe auch kongruent		

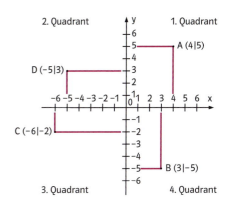

Körper	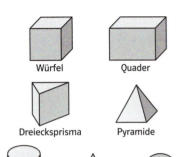 Würfel, Quader, Dreiecksprisma, Pyramide, Zylinder, Kegel, Kugel
Körperhöhe 4; 21	Der Abstand zwischen Grund- und Deckfläche bezeichnet man als Körperhöhe. siehe Prisma
Kreisbogen	Der Mittelpunktswinkel α legt einen Teil des Umfangs als Kreisbogen b fest. 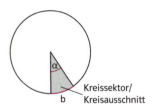 Kreissektor/Kreisausschnitt
Kreisfläche	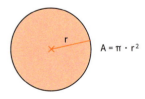 $A = \pi \cdot r^2$
Kreissektor	Kreisbogen
Kreisumfang	$u = 2 \cdot r \cdot \pi = d \cdot \pi$
Kreiszahl π	π = 3,14… („pi")

kürzen	$\frac{4}{8}$ mit 4 gekürzt: $\frac{1}{2}$
Länge 22	(Einheiten und Umrechnungen vgl. Tabelle am Ende des Buches)
Laplace-Experiment 8	Das Werfen eines normalen Spielwürfels ist ein Beispiel für ein Laplace-Experiment. Die Ergebnisse (Würfeln einer 1; 2; … 6) sind alle gleich wahrscheinlich.
Lineare Funktion 15; 16	Eine Funktion, die durch eine Funktionsgleichung der Form $f(x) = m\,x + c$ beschrieben werden kann, heißt lineare Funktion.
Lineare Gleichung 17	Gleichungen wie $5x + 2y = 8$ oder $y = 2x - 3$ heißen lineare Gleichungen mit zwei Variablen.
Lineares Gleichungssystem 17	Ein Gleichungssystem mit linearen Gleichungen heißt lineares Gleichungssystem.
Lösung 2; 22	siehe Gleichung
Lösungsmenge	Alle Lösungen einer Gleichung bzw. einer Ungleichung bilden zusammen die Lösungsmenge.
Lösungsmenge, leere 2	Die Gleichung $2x + 4 = 2x - 6$ ist für keine Zahl erfüllt. Die Gleichung hat eine leere Lösungsmenge.
Lot	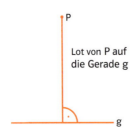 Lot von P auf die Gerade g

Malkreuz 13	Das Produkt 12 · 23 lässt sich mithilfe des Malkreuzes berechnen.	**Mittelsenkrechte**	Die Mittelsenkrechte zu einer Strecke $\overline{AB}$ ist die Gerade, die diese Strecke senkrecht halbiert.

·	10	2
20	200	40
3	30	6

12 · 23 = 200 + 30 + 40 + 6 = 276

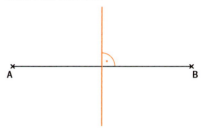

Mantel, Mantelfläche 4; 21 — Die Seitenflächen eines Prismas bilden den sogenannten Mantel bzw. die Mantelfläche. siehe auch Prisma

Modalwert — Der Modalwert ist der häufigste Wert in einer Liste.

Maßstab — 1 : 200; 1 cm ≙ 200 cm
1 cm in der Zeichnung entspricht 200 cm in Wirklichkeit.

modellieren 16 — Modellieren bedeutet, eine Realsituation in ein (vereinfachtes) mathematisches Modell (wie Skizze, Tabelle, Term oder Gleichung) zu übertragen. Die Mathematik hilft dann beim Lösen des Problems. Die Lösung muss anschließend wieder in die Alltagssituation zurückübersetzt werden.

Median — siehe Zentralwert

mikro — siehe Tabelle unter Stufenzahlen

natürliche Zahlen 2 — $\mathbb{N}$: 0; 1; 2; 3; 4; 5 …

Milliarde — 10^9

Näherungsverfahren 9 — Ein Berechnungsverfahren, das Annäherungen an die exakte Lösung liefert, nennt man Näherungsverfahren. Die Ergebnisse der Berechnungen sind Näherungswerte. Ein Beispiel für ein Näherungsverfahren ist das Heronverfahren.

Mittelpunktswinkel — siehe Kreisbogen

Näherungswert 9 — siehe Näherungsverfahren

Mittelpunktswinkelsatz

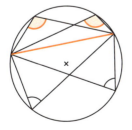

Nebenwinkel — Für die Nebenwinkel gilt:
$\alpha + \beta = 180°$

$\alpha + \beta = 180°$

negative Zahl	Positive und negative Zahlen unterscheiden sich durch das Vorzeichen. – 4 ist eine negative Zahl, + 4 eine positive. Multipliziert man zwei positive bzw. zwei negative Zahlen miteinander, so ist das Produkt positiv. Multipliziert man eine negative und eine positive Zahl miteinander, so ist das Produkt negativ.	**Parabel** **23**	Die Funktionsgraphen von quadratischen Funktionen heißen Parabeln. Sie gehen durch Verschieben, Strecken, Stauchen oder Spiegeln aus der Normalparabel hervor.
Netz **3; 4**	Im Netz eines Körpers sieht man alle Seitenflächen in einer Ebene. Beispiel: Netz eines Dreiecksprismas 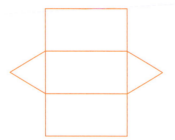	**Parabelgleichung** **23**	Eine nach oben oder unten geöffnete Parabel im Koordinatensystem kann man durch eine Gleichung der Form $y = ax^2 + bx + c$ (Normalform) oder $y = a(x - d)^2 + e$ (Scheitelpunktform) darstellen.
		parallel	 $g \parallel h$
		Parallelogramm	
Normalform der Parabelgleichung **23**	siehe Parabelgleichung bzw. quadratische Funktion	**Parkett** **3; 19; 28**	Ein Parkett ist eine vollständige, überlappungsfreie Überdeckung der Ebene durch Vielecke.
Normalparabel **23**	Der Graph der Quadratfunktion heißt Normalparabel. 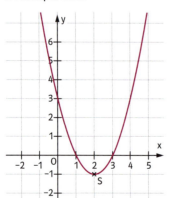	**Penrose-Parkett** **28**	Ein Penrose-Parkett ist eine lückenlose Überdeckung der Ebene, ohne dass sich dabei ein Grundschema periodisch wiederholt.
		Pfad-Additionsregel **8**	Die Wahrscheinlichkeit eines Ereignisses, zu der mehrere Ergebnisse gehören, ist gleich der Summe der Einzelwahrscheinlichkeiten.
Oberfläche **21; 22**	Die Oberfläche eines Körpers ist die Summe der Flächeninhalte aller Begrenzungsflächen.	**Pfad-Multiplikationsregel** **8**	Bei einem mehrstufigen Zufallsversuch lässt sich die Wahrscheinlichkeit für ein Ereignis anhand des entsprechenden Pfades ermitteln. Die Wahrscheinlichkeit ergibt sich durch Multiplikation der Einzelwahrscheinlichkeiten.

Platonische Körper	Platonische Körper sind vollkommen regelmäßige Körper. Sie werden von kongruenten regelmäßigen Vielecken gebildet. An jeder Ecke treffen die gleiche Anzahl von Vielecken zusammen.
positive Zahl	siehe negative Zahl
Potenz, potenzieren	Die mehrfache Multiplikation gleicher Faktoren schreibt man als Potenz: $a \cdot a \cdot a \cdot a = a^4$ a heißt Basis, 4 Exponent / Hochzahl. Es gilt $a^1 = a$ und $a^0 = 1$
pq-Formel 23	Eine quadratische Gleichung der Form $x^2 + px + q = 0$ lässt sich mithilfe der pq-Formel lösen. Die Lösungen sind $x_{1,2} = -\frac{p}{2} \pm \sqrt{\left(\frac{p}{2}\right)^2 - q}$.
Prisma 4; 21	Ein Prisma ist ein Körper, dessen Grundfläche ein Vieleck ist, dessen Grundfläche und Deckfläche kongruent sind und dessen Seitenflächen Rechtecke sind, die (beim geraden Prisma) senkrecht auf Grund- und Deckfläche stehen. 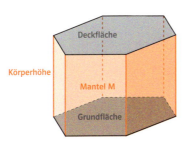
Prisma, Volumen 4; 21	Das Volumen V eines Prismas lässt sich mithilfe des Flächeninhalts G der Grundfläche und der Körperhöhe h berechnen: $V = G \cdot h$.

Produkt 13	Faktor · Faktor = Produkt 3 · 4 = 12
Promille	Promille bedeutet „von Tausend". 10‰ = 10 Promille = 1 Prozent
proportionale Funktion 15	Die proportionale Funktion ist ein Spezialfall der linearen Funktionen, deren Graphen stets durch den Koordinaten-Ursprung geht.
Proportionalität, proportional 15	Ist das Verhältnis zwischen zwei zugeordneten Größen immer gleich, so spricht man von Proportionalität. 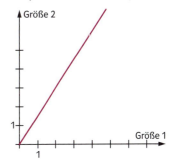
Proportionalitäts- konstante	Die Proportionalitätskonstante ist der Quotient zweier proportionaler Größen, z.B. die Dichte bei der proportionalen Zuordnung Volumen → Masse.
Prozent 8; 12; 30	Prozent bedeutet „pro hundert Teile". 1 Prozent = 1% = $\frac{1}{100}$ Beispiel: 50% von 60 Personen sind 30 Personen. G = 60 (Grundwert) P = 30 (Prozentwert) p% = 50% (Prozentsatz)
Prozentsatz 12	Gibt man einen Anteil in Prozent an, dann spricht man von einem Prozentsatz.

133

Prozentwert 12	Bei festem Grundwert G ist der Prozentwert P proportional zum Prozentsatz. $P = G \cdot p\%$.
Punktsymmetrie 21; 28	Das Zentrum der Punktsymmetrie heißt Symmetriepunkt. Die Punktspiegelung entspricht der Drehung um 180°.
Pyramide 3	Eine Pyramide ist ein geometrischer Körper mit einer n-eckigen Grundfläche und einer Spitze, in der sich alle Teilflächen des Mantels treffen.
Pythagoras, Satz des 19	„In einem rechtwinkligen Dreieck ist die Fläche des Quadrates über der Hypotenuse genauso groß wie die Summe der Flächen der Quadrate über den Katheten."
Pythagoras, Umkehrung des Satzes des Pythagoras 19	Gilt für die Seiten a, b, c eines Dreiecks die Beziehung $a^2 + b^2 = c^2$, dann ist das Dreieck rechtwinklig und hat die Hypotenuse c.
Quader 4	Ein Prisma mit rechteckiger Grundfläche heißt Quader.
Quadrant 23	Das Koordinatensystem wird in vier Quadranten unterteilt. Der 1. Quadrant ist der schon in der Grundschule bekannte Teil des Koordinatensystems. Von diesem zählt man gegen den Uhrzeigersinn die drei weiteren Quadranten ab. siehe Koordinatensystem
Quadrat 3; 28; 30	Ein Rechteck mit vier gleich langen Seiten heißt Quadrat.
Quadratfunktion 23	Die Funktion $x \mapsto x^2$ heißt Quadratfunktion.
quadratische Ergänzung 23	$x^2 + 10x = 7 \quad\mid +25$ $x^2 + 10x + 25 = 33 \quad\mid$ binom. Formel $(x+5)^2 = 33$
quadratische Funktion 23	Eine Funktion, die durch eine Funktionsgleichung der Form $f(x) = ax^2 + bx + c$ (Normalform) oder $f(x) = x(x-d)^2 + e$ (Scheitelpunktform) beschrieben werden kann, ist eine quadratische Funktion.
Quadratische Gleichung 24	Eine Gleichung, die man durch Äquivalenzumformungen auf die Form $ax^2 + bx + c = 0$ bringen kann, heißt quadratische Gleichung. Die Form $ax^2 + bx + c = 0$ heißt allgemeine Form, die Form $x^2 + px + q = 0$ heißt Normalform der quadratischen Gleichung.
Quadratwurzel 9	$\sqrt{17}$ Die Quadratwurzel aus 17 ist die nicht negative Zahl, die mit sich selbst multipliziert 17 ergibt. Man sagt auch kurz: „Wurzel aus 17". Die Zahl unter der Wurzel (hier 17) heißt Radikand.
Quadratzahl 9	$1 = 1 \cdot 1; \quad 4 = 2 \cdot 2; \quad 9 = 3 \cdot 3;$ $16 = 4 \cdot 4$
Quartil, unteres und oberes	Das untere (obere) Quartil ist der Zentralwert der unteren (oberen) Hälfte der Werte einer Rangliste.
Rangliste	Eine Liste, in der die Daten einer Erhebung der Größe nach sortiert sind, heißt Rangliste.
rationale Zahlen 27	Alle Zahlen, die sich als Bruch (d. h. als Verhältnis oder „ratio") schreiben lassen, heißen rationale Zahlen. Sie werden mit $\mathbb{Q}$ bezeichnet.

Rauminhalt 4; 21	Man kann den Rauminhalt (Volumen) eines Körpers durch Vergleich mit Einheitswürfeln bestimmen. (Einheiten und Umrechnungen vgl. Tabelle am Ende des Buches)	**Scheitelpunkt eines Winkels**	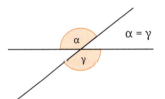
Raute 28; 30	siehe Vierecke	**Scheitelpunktform der Parabelgleichung** 23	siehe Parabelgleichung
Rechengesetze 9	Das Rechnen mit Termen oder Zahlen (Wurzeln) wird durch Regeln bzw. Gesetze festgelegt.	**Scheitelwinkel**	
Rechteck 3; 4; 28; 30	Ein Viereck mit vier rechten Winkeln heißt Rechteck.		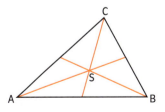
Reelle Zahlen 27	Die Menge, die aus allen rationalen und irrationalen Zahlen besteht, nennt man die Menge der reellen Zahlen. Sie wird mit $\mathbb{R}$ bezeichnet.	**Schenkel**	siehe Scheitelpunkt
Regelmäßiges (reguläres) Vieleck 3; 4; 28	Ein Dreieck, Viereck … bzw. Vieleck mit lauter gleich langen Seiten und gleich großen Innenwinkeln heißt regelmäßiges (reguläres) Dreieck, Viereck … bzw. Vieleck. Ein regelmäßiges Dreieck heißt auch gleichseitiges Dreieck.	**Schrägbild** 11	Körper zeichnet man im Schrägbild, um einen räumlichen Eindruck zu erhalten.
		Schwerpunkt	Der Schwerpunkt eines Dreiecks ist der Schnittpunkt der Seitenhalbierenden.
reguläres Parkett 28	Ein Parkett heißt regulär, wenn die Bausteine des Parketts reguläre Vielecke sind.		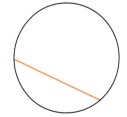
relative Häufigkeit 8	$= \dfrac{\text{absolute Häufigkeit}}{\text{Anzahl insgesamt}}$		
Scheitelpunkt einer Parabel 23	Der tiefste Punkt einer nach oben geöffneten bzw. der höchste Punkt einer nach unten geöffneten Parabel.	**Sehne**	

Seitenhalbierende	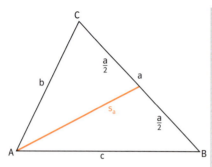	Streifendiagramm	siehe Diagramm
		Stufenwinkel	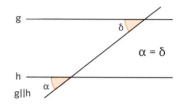
Sekante	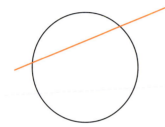	Stufenzahlen	

Stufenzahlen	Vorsilben und ihre Bedeutung
1 000 000	M = Mega = Million
1000	k = Kilo = Tausend
100	h = Hekto = Hundert
10	da = Deka = Zehn
1	
0,1	d = Dezi = Zehntel
0,01	c = Zenti = Hundertsel
0,001	m = Milli = Tausendstel
0,000 001	µ = Mikro = Millionstel

senkrecht 4

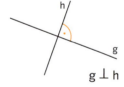

Symmetrie 28 — Figuren können verschiedene Symmetrien aufweisen: Achsensymmetrie, Drehsymmetrie, Punktsymmetrie, Verschiebungssymmetrie.

Spannweite — Der Abstand zwischen Minimum und Maximum einer Datenreihe heißt Spannweite.

Symmetrieachse 28 — siehe Achsensymmetrie

Steigung 6 — Die Gerade mit der Gleichung $y = \frac{1}{3}x + 1$ hat die Steigung $\frac{1}{3}$.

Symmetriezentrum 28 — siehe Punktsymmetrie

Tangente

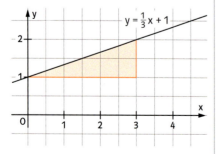

Steigungsdreieck 6 — Das Steigungsdreieck zeigt die Steigung an.

Teiler 18	Ist eine natürliche Zahl ohne Rest durch eine andere natürliche Zahl teilbar, so ist diese Zahl Teiler der Zahl. Zwei Zahlen können gemeinsame Teiler haben, wie z. B. 5 und 15 gemeinsame Teiler von 15 und 30 sind. Unter den gemeinsamen Teilern gibt es einen größten, den größten	**Thales, Satz des Thales**	Liegt der Punkt C eines Dreiecks ABC auf einem Halbkreis über der Strecke $\overline{AB}$, dann hat das Dreieck bei C immer einen rechten Winkel. Umkehrung des Satzes: Der Mittelpunkt des Umkreises eines rechtwinkligen Dreiecks liegt immer in der Mitte des Hypotenuse.
Teiler, echter 18	Ein Teiler der Zahl n heißt echter Teiler, wenn er kleiner als die Zahl n ist. Beispiel: 1; 2; 3; 4; 6 sind echte Teiler von 12.		
Term 2	n^2 ist ein Term für die n-te Quadratzahl.	**Trapez** 4; 28; 30	Ein Viereck mit zwei parallelen Seiten heißt Trapez. siehe Vierecke
Term, gleichwertiger / äquivalenter 2	$a + a + c + a + a + c$ und $4a + 2c$ sind gleichwertige (äquivalente) Terme.	**Trilliarde**	10^{18}
Termumformung 2	Umformungen, die einen Term in einen gleichwertigen/äquivalenten Term überführen, heißen Termumformung.	**Trillion**	10^{21}
		Umfang 4	Der Umfang einer geschlossenen Figur ist die Summe aller Seitenlängen.
Tetraeder 3	Tetraeder sind spezielle Pyramiden mit vier kongruenten, gleichseitigen Dreiecken als Seitenflächen.	**Umfangswinkel**	Liegt der Scheitel eines Winkels auf einer Kreislinie und zeigen seine Schenkel ins Kreisinnere, nennt man diesen Winkel Umfangswinkel.
		Umfangswinkelsatz	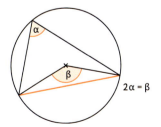

umgekehrt proportional 15	Ist das Produkt zweier zugeordneter Größen x und y immer gleich, so spricht man von einer umgekehrt proportionalen / antiproportionalen Zuordnung.	

Umkehrrechnung / Umkehroperation
9

Rechnung	Umkehrrechnung
3 · 5 = 15	15 : 5 = 3
3 + 5 = 8	8 − 5 = 3
10 − 7 = 3	3 + 7 = 10
10 : 2 = 5	5 · 2 = 10

Umkreis

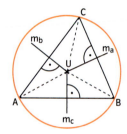

Ungleichung

3 + 1 ≠ 10 : 2   lies: nicht gleich
3 + 1 < 10 : 2   lies: kleiner
10 : 2 > 3 + 1   lies: größer

Urliste

Eine ungeordnete Zusammenstellung gemessener oder beobachteter Werte nennt man Urliste.

Variable

Buchstaben oder andere Zeichen, die für x-beliebige Zahlen stehen, nennt man Variablen.

Verhältnis
10

Verhältnis 1 : 3 bedeutet beispielsweise 1 Teil Sirup auf 3 Teile Wasser. Vom Ganzen, also der gesamten Flüssigkeit, ist dann der Sirup ein Viertel. Bezogen auf die Wassermenge ist der Sirup ein Drittel.

Verschiebung
28

Die Verschiebung ist eine Kongruenzabbildung.

Vieleck, regelmäßig (regulär)   siehe regelmäßige Vielecke

Vierecke
4; 28; 30

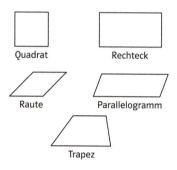

Vier-Felder-Tafel
8

Eine Vier-Felder-Tafel dient zur Bestimmung von Wahrscheinlichkeiten zweistufiger Zufallsexperimente.

vollkommene Zahl
18

Eine Zahl, die gleich der Summe ihrer echten Teiler ist, heißt vollkommene Zahl.

Volumen
4; 21; 22

siehe Rauminhalt
(Einheiten und Umrechnungen vgl. Tabelle am Ende des Buches)

Vorzeichen   siehe negative Zahl

Wahrscheinlichkeit
8

Für die Wahrscheinlichkeit eines Ereignisses ist dessen relative Häufigkeit ein guter Schätzwert.

Wechselwinkel

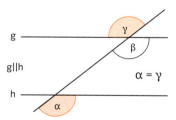

Wertetabelle

Zusammenhänge zwischen Größen können in Wertetabellen festgehalten werden.

Winkel	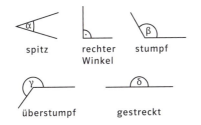	**Zinsen**	entspricht Prozentwert P
		Zinssatz	entspricht Prozentsatz p %
Winkelhalbierende	Die Winkelhalbierende ist eine (Halb-) Gerade, die einen Winkel halbiert. 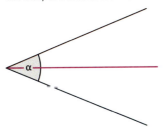	**Zufallsexperiment** 8	Ein Experiment, dessen Ausgang nicht genau vorhergesagt werden kann, heißt Zufallsexperiment. Beispiele sind Würfeln, Münzen werfen, Glücksrad drehen …
		Zufallsexperiment, mehrstufig 8	Ein mehrstufiges Zufallsexperiment ist ein Experiment, das aus mehreren einzelnen, nacheinander durchgeführten Einzelexperimenten besteht.
Wurzel 9	siehe Quadratwurzel	**Zuordnung** 15	*Größe 1 ↦ Größe 2* Einer Größe 1 wird eine Größe 2 zugeordnet.
Wurzelziehen 9	Wurzelziehen (Radizieren) ist die Umkehrung des Quadrierens. $\sqrt{9} = \sqrt{3^2} = 3$	**Zuordnungsvorschrift** 15	Eine Funktion kann mithilfe einer Zuordnungsvorschrift angegeben werden: $x \mapsto \sqrt{x}$
y-Achsenabschnitt 6	Die y-Koordinate des Schnittpunkts einer Geraden mit der y-Achse heißt y-Achsenabschnitt.	**zusammengesetzte Figuren** 4	Flächen (oder Körper), die aus einfachen Teilflächen (oder Teilkörpern) zusammengesetzt sind, lassen sich berechnen, indem man sie in bekannte Teilflächen (oder Teilkörper) zerlegt und diese berechnet.
Zahlenstrahl, Zahlengerade	Der Zahlenstrahl kann mit den negativen Zahlen zur Zahlengeraden erweitert werden. 	**Zylinder** 21	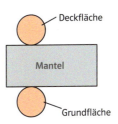
Zentralwert / Median	In einer Rangliste heißt der mittlere Wert Zentralwert. Liegt eine gerade Anzahl von Werten vor, so nimmt man das arithmetische Mittel der beiden mittleren Werte.	**Zylinder, Volumen** 21	Das Zylindervolumen lässt sich nach der Formel Grundfläche · Körperhöhe berechnen.

Maßeinheiten – Übersicht

Umrechnungstabelle

Gewichte (Massen)	1t	100 kg	10 kg	1kg	100 g	10 g	1g	100 mg	10 mg	1mg
Geld		1000 €	100 €	10 €	1 €			10 ct	1 ct	
Längen				1km	100 m	10 m	1m	1dm	1cm	1mm
Flächenmaße				1km²	1ha	1a	1m²	1dm²	1cm²	1mm²
Raummaße				1km³			1m³	1dm³ = 1l	1cm³ = 1ml	1mm³
Hohlmaße			10 hl	1hl	10 l		1l = 1dm³	1dl	1cl	1ml = 1cm³
Zeit				1 Tag	1h	1min	1s	$\frac{1}{10}$ s	$\frac{1}{100}$ s	$\frac{1}{1000}$ s

Zwischen benachbarten Einheiten (Pfeile): :10 ↑ ·10 ↓

Besondere Umrechnungen:
- Gewichte: durchgehend · 10 bzw. : 10
- Geld: · 10 bzw. : 10
- Längen: km → m mit · 1000 bzw. : 1000; m → dm → cm → mm jeweils · 10 bzw. : 10
- Flächenmaße: jeweils · 100 bzw. : 100
- Raummaße: km³ ↔ m³ mit · 1 000 000 000 bzw. : 1 000 000 000; m³ → dm³ → cm³ → mm³ jeweils · 1000 bzw. : 1000
- Hohlmaße: jeweils · 10 bzw. : 10
- Zeit: Tag ↔ h mit · 24 bzw. : 24; h ↔ min und min ↔ s mit · 60 bzw. : 60; danach · 10 bzw. : 10

Umrechnungen

Gewichte:
- 1 t = 1000 kg   1 kg = 0,001 t
- 1 kg = 1000 g   1 g = 0,001 kg
- 1 g = 1000 mg   1 mg = 0,001 g

Längen:
- 1 km = 1000 m   1 m = 0,001 km
- 1 m = 10 dm   1 dm = 0,1 m
- 1 m = 100 cm   1 cm = 0,01 m
- 1 m = 1000 mm   1 mm = 0,001 m

Hohlmaße:
- 1 hl = 100 l   1 l = 0,01 hl
- 1 l = 10 dl   1 dl = 0,1 l
- 1 l = 100 cl   1 cl = 0,01 l
- 1 l = 1000 ml   1 ml = 0,001 l

Bildquellennachweis

U1.1 Getty Images (Ian Mckinnell/Photographer's Choice), München; **9** Klett-Archiv (David Ausserhofer), Stuttgart; **10.2**; **10.3**; **10.4**; **10.5** Tremp, Stephanie, Zürich; **11.1** Klett-Archiv (Thomas Gremmelspacher), Stuttgart; **12.1** Klett-Archiv (Simianer & Blühdorn), Stuttgart; **12.1** Klett-Archiv (Thomas Gremmelspacher), Stuttgart; **12.2** Klett-Archiv (Simianer & Blühdorn), Stuttgart; **12.2** Klett-Archiv (Thomas Gremmelspacher), Stuttgart; **12.7** Klett-Archiv (Simianer & Blühdorn), Stuttgart; **12.7** Klett-Archiv (Thomas Gremmelspacher), Stuttgart; **12.8** Klett-Archiv (Simianer & Blühdorn), Stuttgart; **12.8** Klett-Archiv (Thomas Gremmelspacher), Stuttgart; **13.1** Christo 1978-2005/Volz/laif Copyright : Christo; **13.2** CHRISTO AND JEANNE-CLAUDE: Wrapped Reichstag, Berlin 1971-95/Volz/laif Copyright : Christo; **14.1** aus Richard-Paul-Lohse-Stiftung (Hrsg.): Richard Paul Lohse. Drucke Prints Dokumentation + Werkverzeichnis. Ostfildern: Hatje Cantz Verlag, 2009, VG Bild-Kunst, Bonn 2010; **17.1** iStockphoto (Jeff Johnson), Calgary, Alberta; **19** shutterstock (PhotoSky 4t com), New York, NY; **20.1**; **20.2**; **20.3**; **20.4**; **20.5**; **20.6**; **20.7**; **20.8** Klett-Archiv (Thomas Gremmelspacher), Stuttgart; **23** Reinhard-Tierfoto, Heiligkreuzsteinach; **24.1**; **24.2**; **24.3**; **24.4**; **24.5**; **24.6**; **24.7**; **24.8**; **24.9**; **24.10**; **24.11**; **26.1** Tremp, Stephanie, Zürich; **28.1** shutterstock (maga), New York, NY; **29.1** Fotolia LLC (Maria P.), New York; **32.1** You know my name (Look up the number), © Eugen Jost, Schweiz; **32.2**; **33.2**; **33.3** Tremp, Stephanie, Zürich; **33.4** iStockphoto (Feliks Gurevich), Calgary, Alberta; **34.1** iStockphoto (Sergey Korotkih), Calgary, Alberta; **35** Fotolia LLC (emmi), New York; **37.1** iStockphoto, Calgary, Alberta; **37.2** Ullstein Bild GmbH (imagebroker.net), Berlin; **38.1** Tremp, Stephanie, Zürich; **40.1** Ullstein Bild GmbH, Berlin; **41** Fotolia LLC (ma_photo), New York; **43.1** Klett-Archiv (Simianer & Blühdorn), Stuttgart; **44.1** Fotex GmbH (Warren Faidley), Hamburg; **45.1** Getty Images (HO DWD/AFP), München; **45.2** shutterstock (Bryan Brazil), New York, NY; **46.1** Tremp, Stephanie, Zürich; **48.1** Fotolia LLC (Gerhard Egger), New York; **48.2** Imago (imagebroker/Handl), Berlin; **48.3** Tremp, Stephanie, Zürich; **50.1** Ministerium für Schule und Weiterbildung des Landes Nordrhein-Westfalen, Zentrale Prüfungen 10, Mathematik Gymnasium, Soest/Düsseldorf 2008, S. 4; **52.1** Klett-Archiv, Stuttgart; **55.1** Tremp, Stephanie, Zürich; **59** Fotolia LLC (Petr Vaclavek), New York; **62.1** Bridgeman Art Library Ltd., Berlin; **63.3** FOCUS (Goddard/SPL), Hamburg; **65.1** Tromp, Stephanie, Zürich; **67.1** Klett & Balmer & Co (Simianer & Blühdorn), Zug; **71.1** TransPak AG, Solms; **71.2** www.transpack-krumbach.de, Krumbach; **73.1**; **76.1** Tremp, Stephanie, Zürich; **80.1**; **84.1** Klett-Archiv (Thomas Gremmelspacher), Stuttgart; **110.1** iStockphoto (Kemter), Calgary, Alberta; **110.2** Klett-Archiv (Thomas Weccard), Stuttgart; **113.1** Rheinland-pfälzisches Storchenzentrum (Christiane Hilsendegen), Bornheim; **113.2** iStockphoto (Loretta Hostettler), Calgary, Alberta; **114.3** Picture-Alliance (Oliver Weiken), Frankfurt

Sollte es in einem Einzelfall nicht gelungen sein, den korrekten Rechteinhaber ausfindig zu machen, so werden berechtigte Ansprüche selbstverständlich im Rahmen der üblichen Regelungen abgegolten.

Das Mathematikbuch 4

Begleitmaterial:
Das Mathematikbuch – Arbeitsheft (ISBN 978-3-12-700582-0)

1. Auflage 1 5 4 3 2 1 | 2016 15 14 13 12

Alle Drucke dieser Auflage sind unverändert und können im Unterricht nebeneinander verwendet werden.
Die letzte Zahl bezeichnet das Jahr des Druckes.
Das Werk und seine Teile sind urheberrechtlich geschützt. Jede Nutzung in anderen als den gesetzlich zugelassenen Fällen bedarf der vorherigen schriftlichen Einwilligung des Verlages. Hinweis § 52 a UrhG: Weder das Werk noch seine Teile dürfen ohne eine solche Einwilligung eingescannt und in ein Netzwerk eingestellt werden. Dies gilt auch für Intranets von Schulen und sonstigen Bildungseinrichtungen. Fotomechanische oder andere Wiedergabeverfahren nur mit Genehmigung des Verlages.
Auf verschiedenen Seiten dieses Heftes befinden sich Verweise (Links) auf Internet-Adressen. Haftungshinweis: Trotz sorgfältiger inhaltlicher Kontrolle wird die Haftung für die Inhalte der externen Seiten ausgeschlossen. Für den Inhalt dieser externen Seiten sind ausschließlich die Betreiber verantwortlich. Sollten Sie daher auf kostenpflichtige, illegale oder anstößige Inhalte treffen, so bedauern wir dies ausdrücklich und bitten Sie, uns umgehend per E-Mail davon in Kenntnis zu setzen, damit beim Nachdruck der Verweis gelöscht wird.

© Titel der Originalausgabe: **mathbu.ch 8**, Klett und Balmer AG, Verlag, Zug, 2003.
Einige Lernumgebungen sind dem mathbu.ch 9 entnommen, Klett und Balmer AG, Verlag, Zug und schulverlag blmv AG, Bern (2003)
© dieser Ausgabe: Ernst Klett Verlag GmbH, Stuttgart 2012. Alle Rechte vorbehalten. www.klett.de

Autorinnen und Autoren: Walter Affolter, CH-Steffisburg; Franz Auer, Singen (Hohentwiel); Ingrun Behnke, Witten; Guido Beerli, CH-Maisprach; Ursula Bicker, Wallhausen; Lothar Carl, Detmold; Maren Distel, Singen (Hohentwiel); Katrin Eilers, Hannover; Hanspeter Hurschler, CH-Eschenbach; Beat Jaggi, CH-Biel; Werner Jundt, CH-Bern; Barbara Krauth, Darmstadt; Rita Krummenacher, CH-Adligenswil; Eckhard Lohmann, Hamburg; Christoph Maitzen, Wettenberg; Hartmut Müller-Sommer, Vechta; Annegret Nydegger, CH-Wichtrach; Matthias Römer, Saarbrücken; Florian Walzer, Heidelberg; Beat Wälti, CH-Thun; Gregor Wieland, CH-Wünnewil

Redaktion: Dr. Gudrun Pofahl, Anke Schmucker
Mediengestaltung: Ulrike Glauner
Umschlaggestaltung: Daniela Vormwald

Layoutkonzeption: Anika Marquardsen, Stuttgart
Illustrationen: Uwe Alfer, Waldbreitbach
Satz: Satzkiste GmbH, Stuttgart
Reproduktion: Meyle + Müller Medien-Management, Pforzheim
Druck: Offizin Andersen Nexö, Leipzig

Printed in Germany
ISBN 978-3-12-700581-3